打造舒適理想家！
完美居家空間格局規劃術
Renoveru翻修團隊／著
蕭辰倢／譯

理想的房屋格局哪裡找？
里野邊夫妻因懷上寶寶而開始尋覓新居。兩人對全新生活抱有美好憧憬，今天也在尋找著理想中的房屋……。
我想要寬敞的開放式廚房，找朋友來開派對。一定要有小孩房。最好離老家跟公司都很近。
我要在大沙發上看電影。要有居家工作的空間。離車站要近。
滔滔不絕

這間如何？
我看看……嗯~是很不錯，但每月房租超過18萬日圓……。
不能抑在14萬日圓左右嗎？
在東京都內的這個地區，想找三房客餐廚，就只有這種的啦。
押金跟房東謝禮也不是一筆小數字，還是乾脆別租了，直接買房？

我們大概能貸到多少錢呀？
假設每月還款14萬日圓……。
總額就是五千五百萬。
這間新落成的公寓怎麼樣？
我無法。
那這間？
否決。
每間都好小哦
好像都不太行耶……

咦咦!!那這間如何!!
三層獨棟
100㎡ 三房客餐廚
6,900萬日圓
（含土地）
登登!!
是很大間沒錯，但得爬樓梯感覺好累，而且離市中心也很遠。
再說，我們哪買得起啦！

也是啦……那中古公寓如何？這邊有幾間想要賣。
啊對，我學姐之前說買了中古公寓！
啪！
嘟~嘟~
來請教她一下。

之後
這棟公寓不到很新，但氣氛不錯耶。
對呀，離市中心近，而且充滿綠意。

是這間吧。
歡迎～我幫你們開門喔。

打擾您……
咦！
玄關好大！
超明亮！
超時尚！
別這麼驚訝啦。來來，請進。

好像新成屋！開放式廚房好羨慕～
超大沙發!!有夠讚。

我也好想坐在這種沙發上……。
登登
嗯～男人的世界～
砰!!

世界上竟然有這種物件。超棒的！
天哪……太驚豔了
謝謝啦。等一下要不要再參觀其他房間？

要看要看要看要
要看要看要看
要看要看要看
要看要看要看
要看要看要看
要看要看要看要看
點頭點頭
點頭點頭

話說回來，你們找房子有進展了嗎？
嗯……。拿捏了一下坪數跟預算，可能得買中古公寓。

到處找到處看，但沒有半間覺得滿意……。妳能幫我們看一下嗎？
沙沙
沙沙
妳這次也帶了不少過來耶。

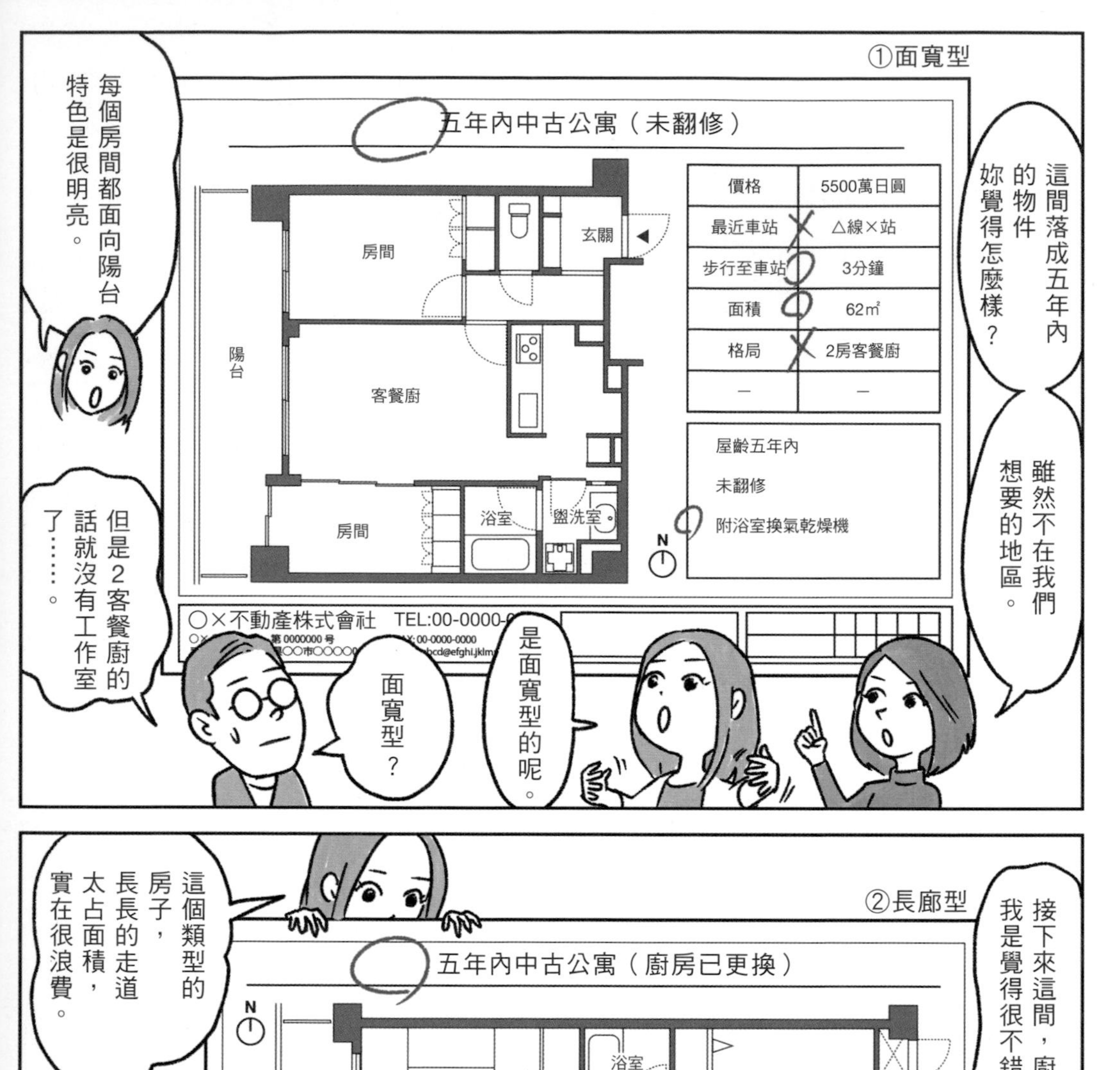
①面寬型
五年內中古公寓（未翻修）
價格 5500萬日圓
最近車站 △線×站
步行至車站 3分鐘
面積 62㎡
格局 2房客餐廚
屋齡五年內
未翻修
附浴室換氣乾燥機
房間
玄關
陽台
客餐廚
浴室
盥洗室
房間
○×不動產株式會社 TEL:00-0000-0
這間落成五年內的物件妳覺得怎麼樣？
每個房間都面向陽台特色是很明亮。
雖然不在我們想要的地區。
但是2客餐廚的話就沒有工作室了……。
是面寬型的呢。
面寬型？

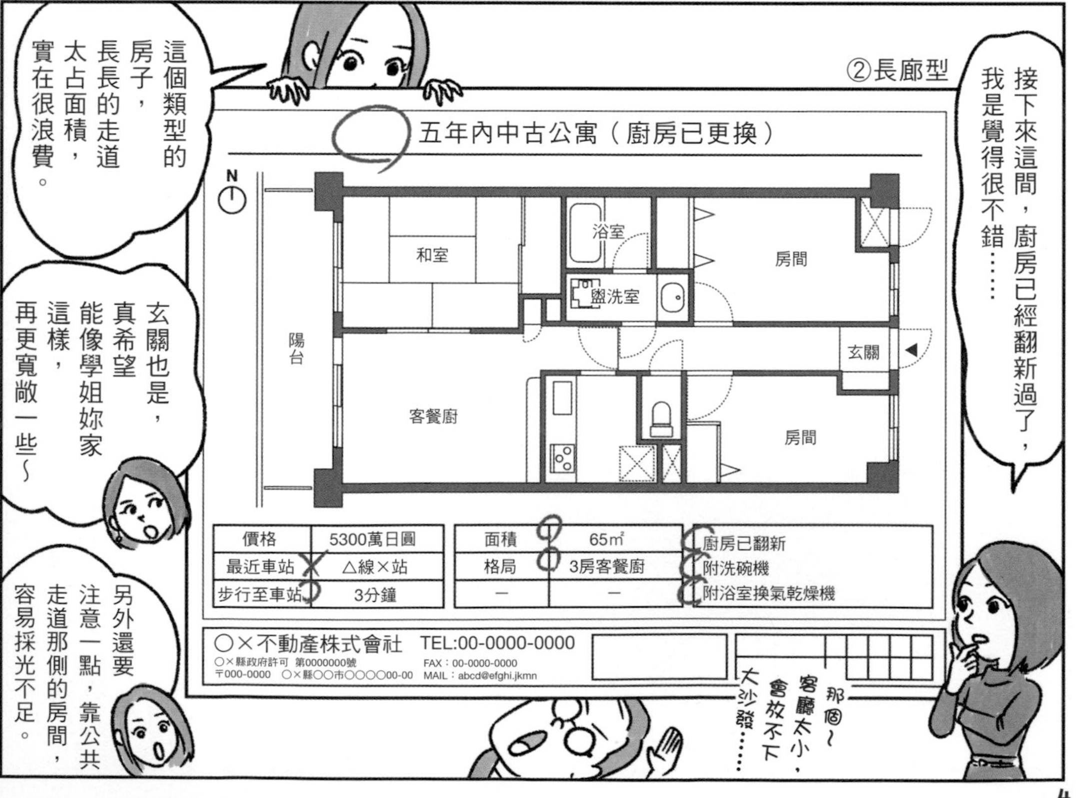
②長廊型
五年內中古公寓（廚房已更換）
和室
浴室
房間
盥洗室
陽台
玄關
客餐廚
房間
價格 5300萬日圓
最近車站 △線×站
步行至車站 3分鐘
面積 65㎡
格局 3房客餐廚
廚房已翻新
附洗碗機
附浴室換氣乾燥機
○×不動產株式會社 TEL:00-0000-0000
○×縣政府許可 第0000000號
〒000-0000 ○×縣○○市○○○○00-00
FAX：00-0000-0000
MAIL：abcd@efghi.jkmn
接下來這間，廚房已經翻新過了，我是覺得很不錯……
這個類型的房子，長長的走道太占面積，實在很浪費。
玄關也是，真希望能像學姐妳家這樣，再更寬敞一些～
另外還要注意一點，靠公共走道那側的房間，容易採光不足。
那個～客廳太小，會放不下大沙發……

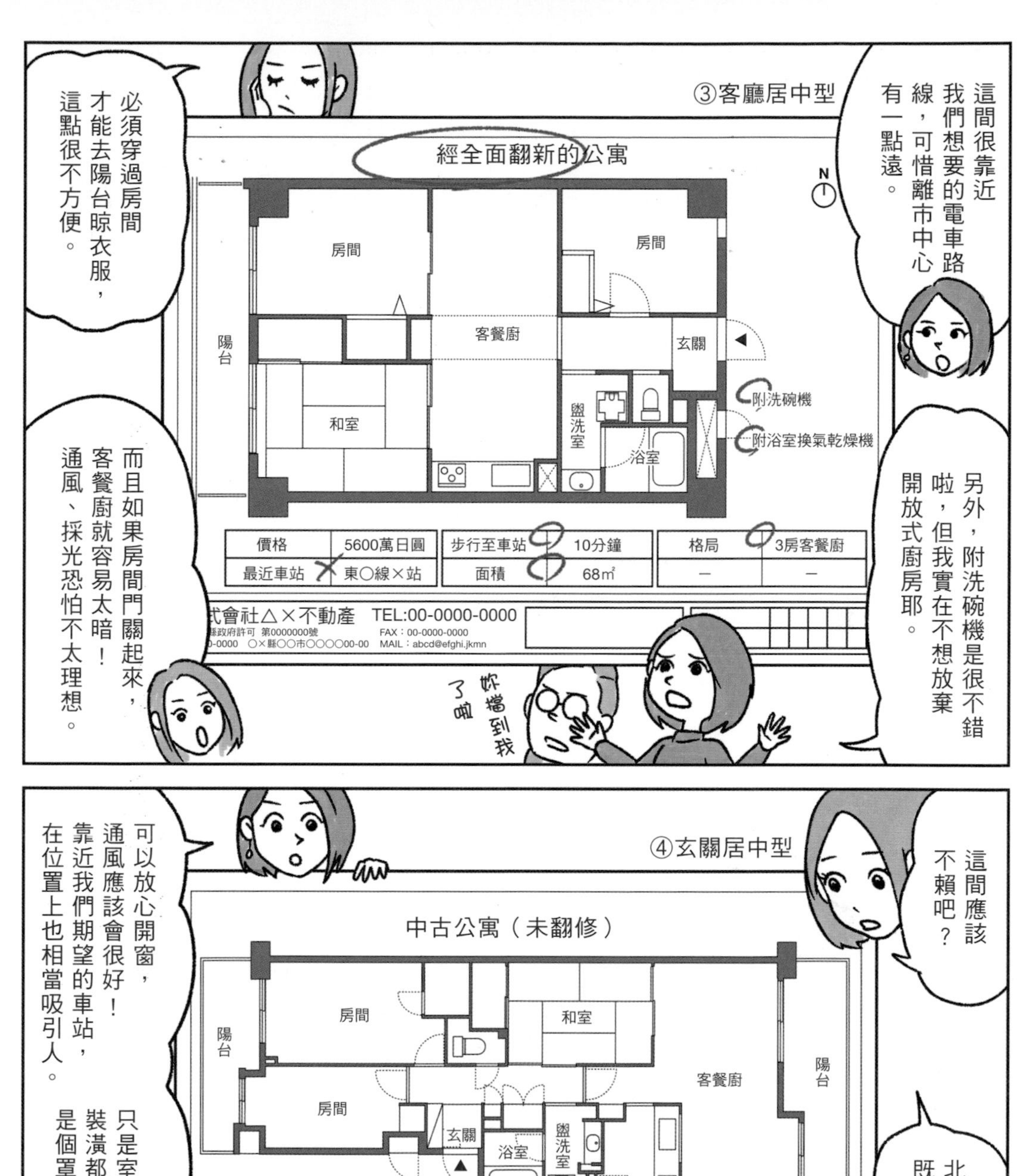

這間很靠近我們想要的電車路線，可惜離市中心有一點遠。
必須穿過房間才能去陽台晾衣服，這點很不方便。
③客廳居中型
經全面翻新的公寓
房間
房間
陽台
客餐廚
玄關
和室
盥洗室
浴室
附洗碗機
附浴室換氣乾燥機
價格 5600萬日圓
最近車站 東〇線×站
步行至車站 10分鐘
面積 68㎡
格局 3房客餐廚
株式會社△×不動產 TEL:00-0000-0000
另外，附洗碗機是很不錯啦，但我實在不想放棄開放式廚房耶。
而且如果房間門關起來，客餐廚就容易太暗！通風、採光恐怕不太理想。
妳擋到我了啦

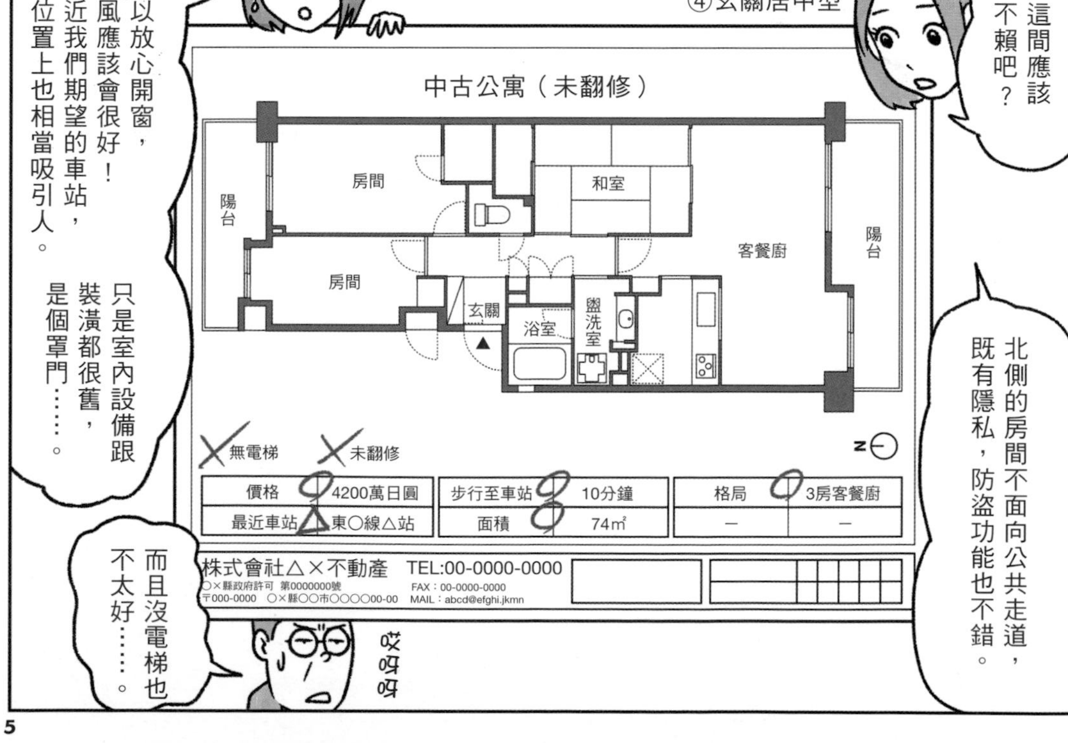

這間應該不賴吧？
可以放心開窗，通風應該會很好！靠近我們期望的車站，在位置上也相當吸引人。
④玄關居中型
中古公寓（未翻修）
房間
和室
陽台
客餐廚
陽台
房間
玄關
浴室
盥洗室
無電梯
未翻修
價格 4200萬日圓
最近車站 東〇線△站
步行至車站 10分鐘
面積 74㎡
格局 3房客餐廚
株式會社△×不動產 TEL:00-0000-0000
北側的房間不面向公共走道，既有隱私，防盜功能也不錯。
只是室內設備跟裝潢都很舊，是個罩門……。
而且沒電梯也不太好……。
哎呀呀

公寓面貌百百種，但大致上就是這4個類型了。
不過好像是就少了點讓人想出手的關鍵因素耶。
就是這樣……。每一間都有好有壞。
唉～
應該說我想要像學姐妳家這樣的物件……。
悄悄話
沙發也是喔。
哎唷～讓人滿意的物件到底在哪裡！
嗚嗯
啜飲
那你們就改造成自己中意的格局不就好了？
咦!?
打掉重練？
你們看這張平面圖，有沒有發現一件事？
沙沙……
這格局跟剛剛的②長廊型有點像，之中藏了什麼玄機嗎？
嘿嘿嘿……這張就是我家最原始的平面圖喔。其實我把這間房子翻修過了。
房間
盥洗室
浴室
玄關
客餐廚
房間
衣帽間
榻榻米區
Before
After
翻修？
也就是把舊裝潢全部拆掉，從零開始設計屋內空間。
咦咦咦咦！
備用間
更衣室
浴室
玄關
洗手台
客餐廚
桌子（讀書區）
鞋櫃間
開放式衣櫥
寢室

原來還有這一招！
哦哦哦

人會長時間待在家裡，能符合自己的需求是很重要的喔。那些看不到的管線也可以重拉，所以不用擔心。

學姐！可以帶我們去看看其他房間了！
喔，對耶。
喀啦！

首先是備用間。這裡未來打算當成小孩房，目前則是居家工作時，會拿來開線上會議。
爸媽來住的時候，感覺也很方便！

這間是寢室。它跟開放式衣櫥的循環動線相當好用，從在玄關脫鞋到換衣服，整個過程非常流暢。
空氣也能流通，很棒耶。
在浴室晾乾的內衣褲那類，就收在更衣室裡；一般服裝則可以直接放進開放式衣櫥，很方便喔。

居家工作時也可以使用客廳的桌子。之後也打算讓孩子在這邊做作業。
想要邊下廚邊顧著孩子，也只有開放式廚房能夠辦到了。

對了，廚房的牆面收納櫃有留掃地機器人的待命位置。其實不太顯眼，很棒吧？
嗶咿咿咿
超帥的！

悄聲——
這樣超棒的
好想要！

在找房子的時候，先設定好想要的格局，會更能想像之後的生活。但要是忘了從「自己想過哪種生活」的角度切入，就實在太可惜了。
說個不停
透過翻修，即使是中古公寓，也能打造出符合兩位生活型態的格局。不需要捨棄理想。
咦!?
驚嚇
這誰!?
這我先生。

……好的，非常感謝您……。
啊～嚇了一大跳……。
您好……。
噗通噗通
那麼就祝兩位順利……。
我回來了
我剛出差回來，有點累。
我去睡了
辛苦啦，有個美夢～
咻

那就是妳先生呀……。

總而言之，我很推薦用翻修，來改造出更適合起居的格局喔。
學姐！我要做！我一定會打造出理想的格局，然後邀請學姐跟機器人先生……我是說學姐的老公，來我們家玩！

既然都決定了，就趕快回家重新研討！
拜拜囉～
哦哦哦哦！
加油嘿！

目次

第3章 育兒、寵物

第4章 興趣

第5章 招待客人

第6章 居家工作

第7章 通風、採光

<——>：動線，人可通過的路徑
<-->：物品或寵物的動線

日文版工作人員
平面圖插畫：大門佑輔（sinden inc.）
Isami Maki
漫畫、專欄插畫：さじろう
改造前平面圖：長岡伸行
編輯、撰文協助：佐藤可奈子
撰文／RENOVERU株式會社：
安江浩、木波本直宏、荻森浩美、
山神達彥、大塚敏雄、清水淳、
小野寺七海、木內玲奈、千葉剛史
書籍設計：三木俊一（文京圖案室）
DTP：TK CREATE（竹下隆雄）
印刷：SINANO書籍印刷

住家井然有序，祕訣盡在8字型動線

衣帽間位於睡床旁，用來收放先生的衣物。將各種物品分類收納，亦是營造整潔住家的要點。

位於走道上的大型開敞空間是備用間，未來預計要當小孩房。若有需要，也會再加裝門和室內窗。

玄關脱鞋處可以裝飾喜愛的藝術品，或當成做DIY時的作業空間。

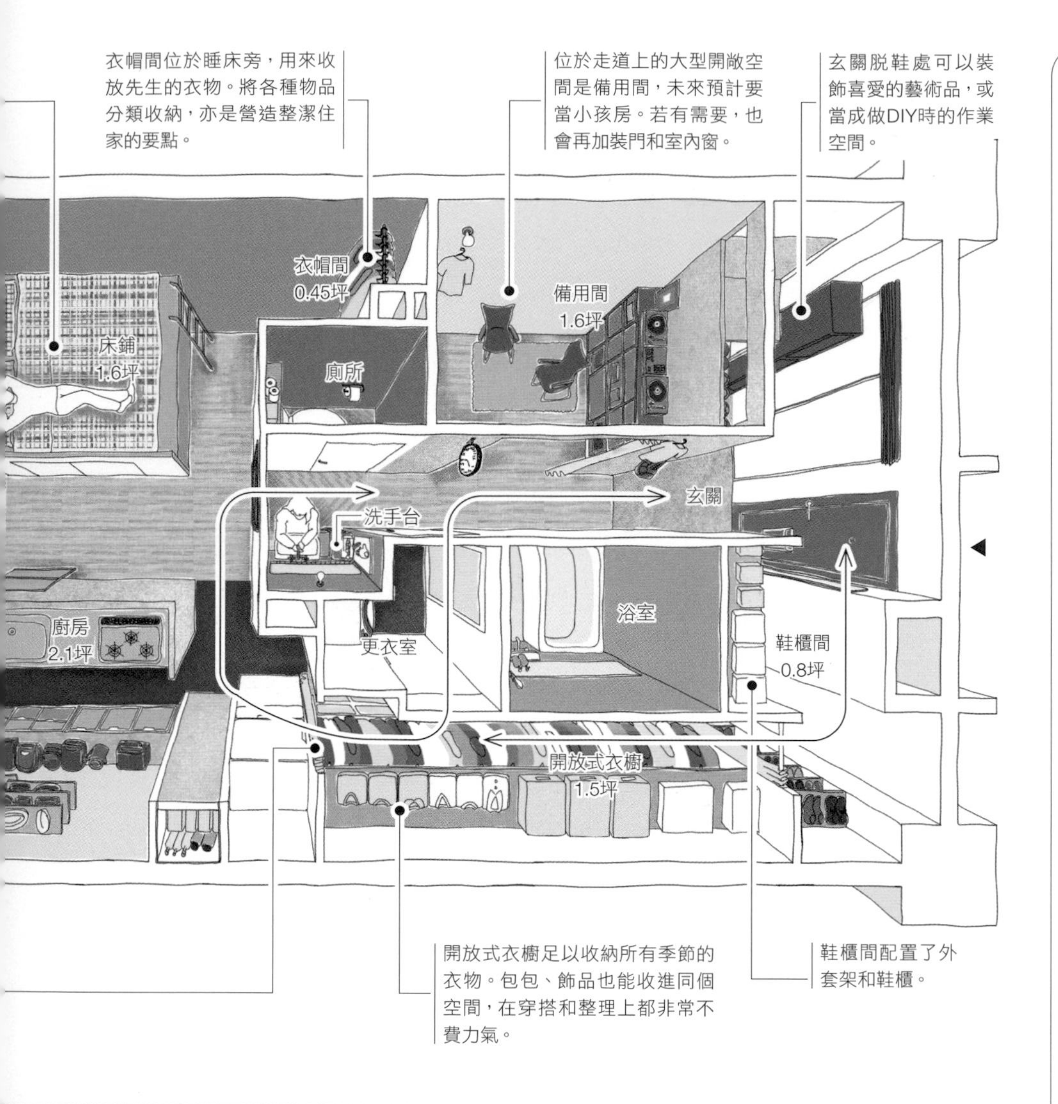

開放式衣櫥足以收納所有季節的衣物。包包、飾品也能收進同個空間，在穿搭和整理上都非常不費力氣。

鞋櫃間配置了外套架和鞋櫃。

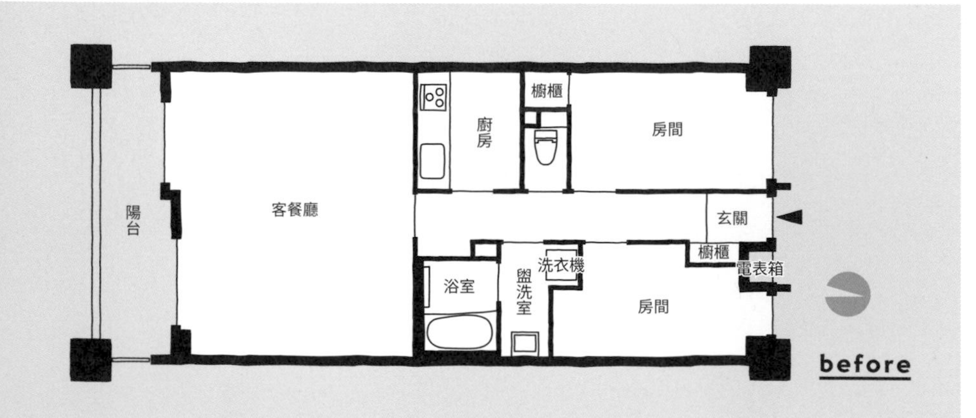

面積 68 m²

對於擁有大量衣物、飾品的太太而言，先前住家的收納空間不足，相當難以整理，據說就連負責打掃的先生也有所埋怨。為了解決這個問題，兩人打造了8字型循環動線。回家後先將外套掛至鞋櫃間的吊衣桿，接著前往相連的開放式衣櫥換衣服，換下的衣物直接放進更衣室的洗衣籃裡，先在中央走道的洗手台漱完口、洗完手後，再前往客餐廳和廚房。這番動線規劃，讓返家後的固定行程暢通無阻。更衣室、開放式衣櫥都跟廚房相連，也是一個重點；在烹飪的同時，可以一邊流暢地洗衣服或收放衣物。家裡變得整潔，生活上便更有喘息空間。夫妻倆會將一同製作的DIY家具和雜貨拿來擺設欣賞。

當季不會用到的家電和寢具，都收在睡床的地板下方。立體式的空間運用，不會吃掉地板的面積。

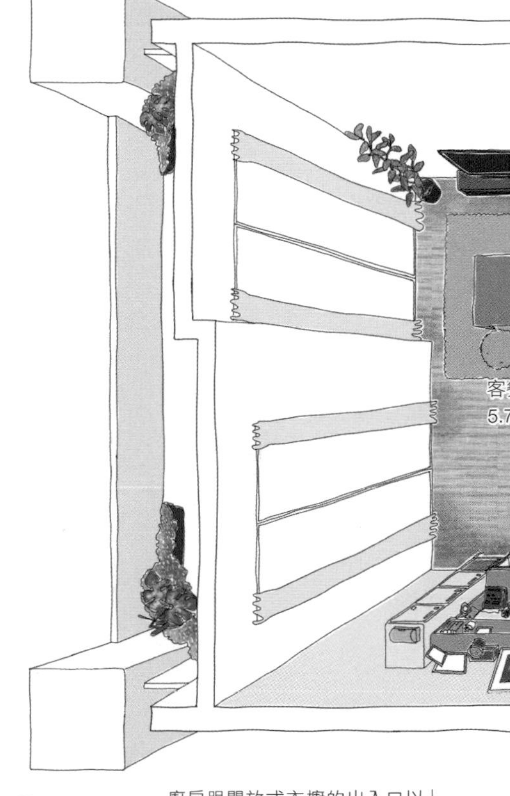

廚房跟開放式衣櫥的出入口以門簾隔開，可以保持敞開。就算拿著待洗衣物或購物袋而騰不出手，也能輕鬆通過。

翻修動機與購屋關鍵因素

以可負擔的預算購入自用住宅

M氏夫妻試著估算往後10年的租屋費用，發現「付房租太浪費」，而開始考慮購買自宅。太太屬於中古公寓翻修派，先生則是新成屋獨棟住宅派。兩人探討並比較了這兩種做法所需的費用、每層樓所能買到的面積，以及格局規劃的自由程度，最後得出結論：「要在可負擔的預算下達到兩人期望的生活，必須選擇翻修中古公寓」。

重視面積保有收納容量

面積必須能保有充足的收納容量，其與價格間的平衡，成了購屋的關鍵因素。此處具有優良的資產性和管理制度，同樣相當吸引人。

data

屋齡	實際坪數	建築結構	施工時長	家庭組成
19年	68.36㎡	RC結構	2個月	夫妻＋貓

廚房置中，下廚更歡樂

在落地窗正中央建起一面牆，這個大膽的點子讓盥洗室保有了採光和通風。窗門上方設置層架，擺放清潔劑等物品。

雙排型廚房附吧檯，用喜歡的磁磚和照明妝點成了餐館風格。能把菜餚的照片拍得很美味，令K氏相當中意。

走道的牆面打造層架，用來擺放廚房家電。將短走道也視為廚房的一部分，有效活用。

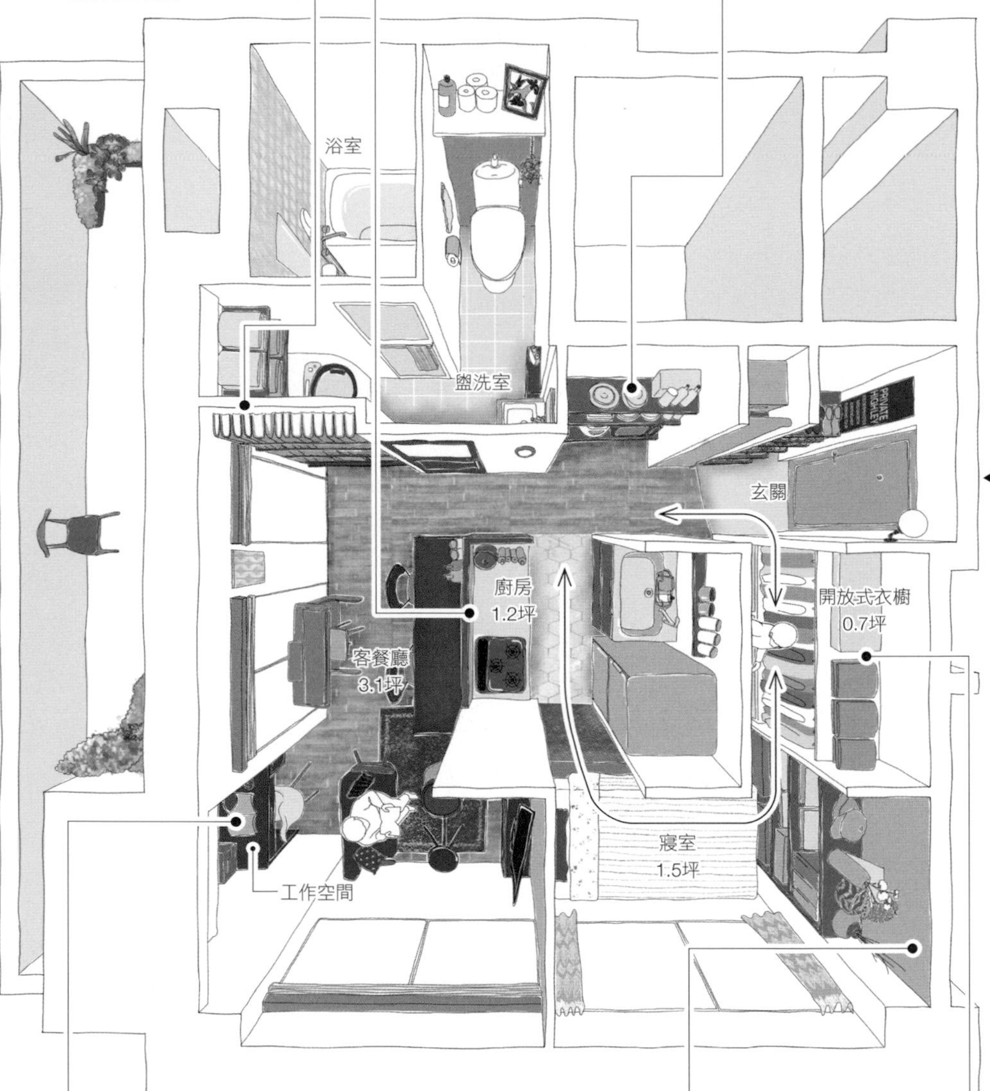

K氏經常招待朋友來家裡玩。只要輕巧地放下拉簾，就能把易雜亂的工作空間隱藏起來。

客廳跟寢室的牆壁漆成淡黃色。加上顏色後，讓小巧的空間顯得更有層次。

吊衣桿上方設置頂櫃，拿來收放寢具和季節家電。

面積
39
m²

K氏對近40㎡新居的期待，是能擁有獨立的寢室，以及可享受烹飪興趣的廚房。從玄關可取道開放式衣櫥進入寢室，從寢室也能直通廚房。玄關、開放式衣櫥、寢室、廚房的小型循環動線，無論是更衣後前往廚房，或是將買來的食材先收進冰箱後再換衣服都很方便。從玄關→寢室→客廳的動線，有助於在生活中轉換心情，也為住處醞釀出了深度。小巧的吧檯廚房，無論是平常用餐，或是跟客人邊聊天邊煮菜，都是最剛好的大小。K氏喜歡在陽台上邊喝咖啡邊做日光浴。將空間運用得相當徹底。

翻修動機與購屋關鍵因素

想擁有配備充實的廚房

單身的K氏會想買房，是因為覺得付房租很浪費錢，且租給單身人士的住處，廚房總是太小，導致備感壓力。比起格局整齊劃一的新屋或經過翻新的物件，K氏更傾心於按個人心意打造格局和裝潢，因此選擇中古公寓。

比道路高出半層樓的一樓住宅

K氏在原本所住的區域附近尋覓，後來找到了這個物件。這是一棟位於幹線道路旁的一樓住宅，到現場看屋後，K氏發現住宅位置高於道路，內部相當明亮，且不需要介意過路人的視線，因此決定買下。

before

data

屋齡	實際坪數	建築結構	施工時長	家庭組成
43年	39.35㎡	RC結構	2.5個月	單身

洗衣、整理行李都方便的洗衣間

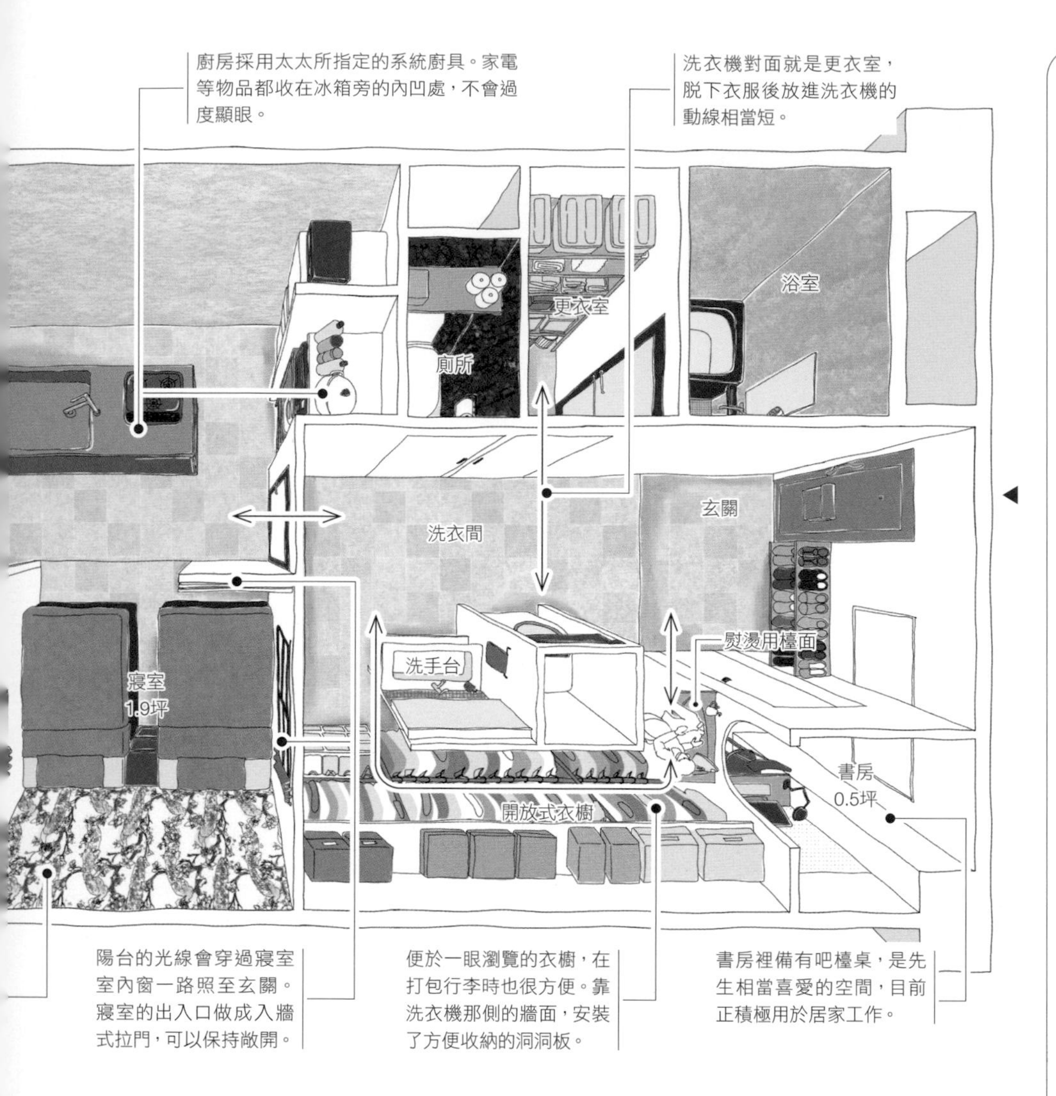

廚房採用太太所指定的系統廚具。家電等物品都收在冰箱旁的內凹處，不會過度顯眼。

洗衣機對面就是更衣室，脱下衣服後放進洗衣機的動線相當短。

陽台的光線會穿過寢室室內窗一路照至玄關。寢室的出入口做成入牆式拉門，可以保持敞開。

便於一眼瀏覽的衣櫥，在打包行李時也很方便。靠洗衣機那側的牆面，安裝了方便收納的洞洞板。

書房裡備有吧檯桌，是先生相當喜愛的空間，目前正積極用於居家工作。

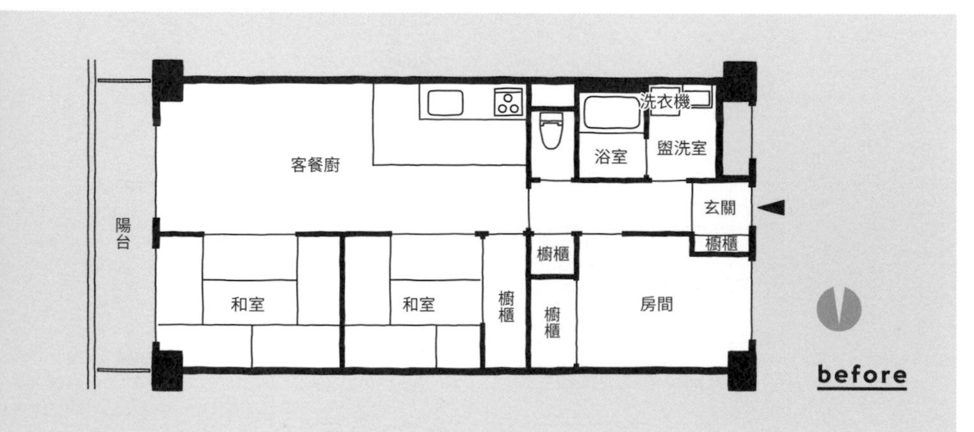

面積
66
m²

I宅將洗衣機和洗手台從更衣室移出來，陳設於玄關門廳處。洗手台後側是開放式衣櫥，另一個角落還有熨燙用的檯面。這個洗衣間之所以誕生，是因先生經常需要出差，「想擁有一回家就能攤開行李箱的空間」。在此處攤開跟收拾行李都很輕鬆，工作用品可以即刻從一旁的書房拿進拿出。由於家中會使用洗乾衣機，從洗衣到收放衣物的動線也相當短。將洗衣與收納統合在同一位置，成就了能夠盡情放鬆的寢室，美觀的客餐廚也有了格外吸睛的中島廚房。將工作、家事和休憩空間明確分開，以追求無壓力的居住品質。

寢室、廁所、書房的牆上都貼有太太所挑選的進口壁紙，形成了空間中的點綴。

翻修動機與購屋關鍵因素

想在兩人期望的地段和格局中過生活

I氏夫妻認為「考量年齡因素，要貸款得趁現在」而決定買房。先生經常出差，因此排除了通常會位於郊區的獨棟住宅選項。正當此時，兩人看到了翻修房屋的電視節目，認為「打造適合自家生活的住處會更開心」，而選擇翻修中古公寓。

便於出差的地點

兩人以地點為首要條件，選出一間位於市中心的公寓物件。此處最鄰近的車站是新幹線停靠站，可以輕鬆抵達，而且還位在太太公司的徒步範圍內。屋內的用水區整合在同一處，沒有無法打掉的結構牆，是個可輕鬆變動格局的物件。

data

屋齡	實際坪數	建築結構	施工時長	家庭組成
40年	65.55㎡	SRC結構	2個月	夫妻

運用循環動線，起居自然有條不紊

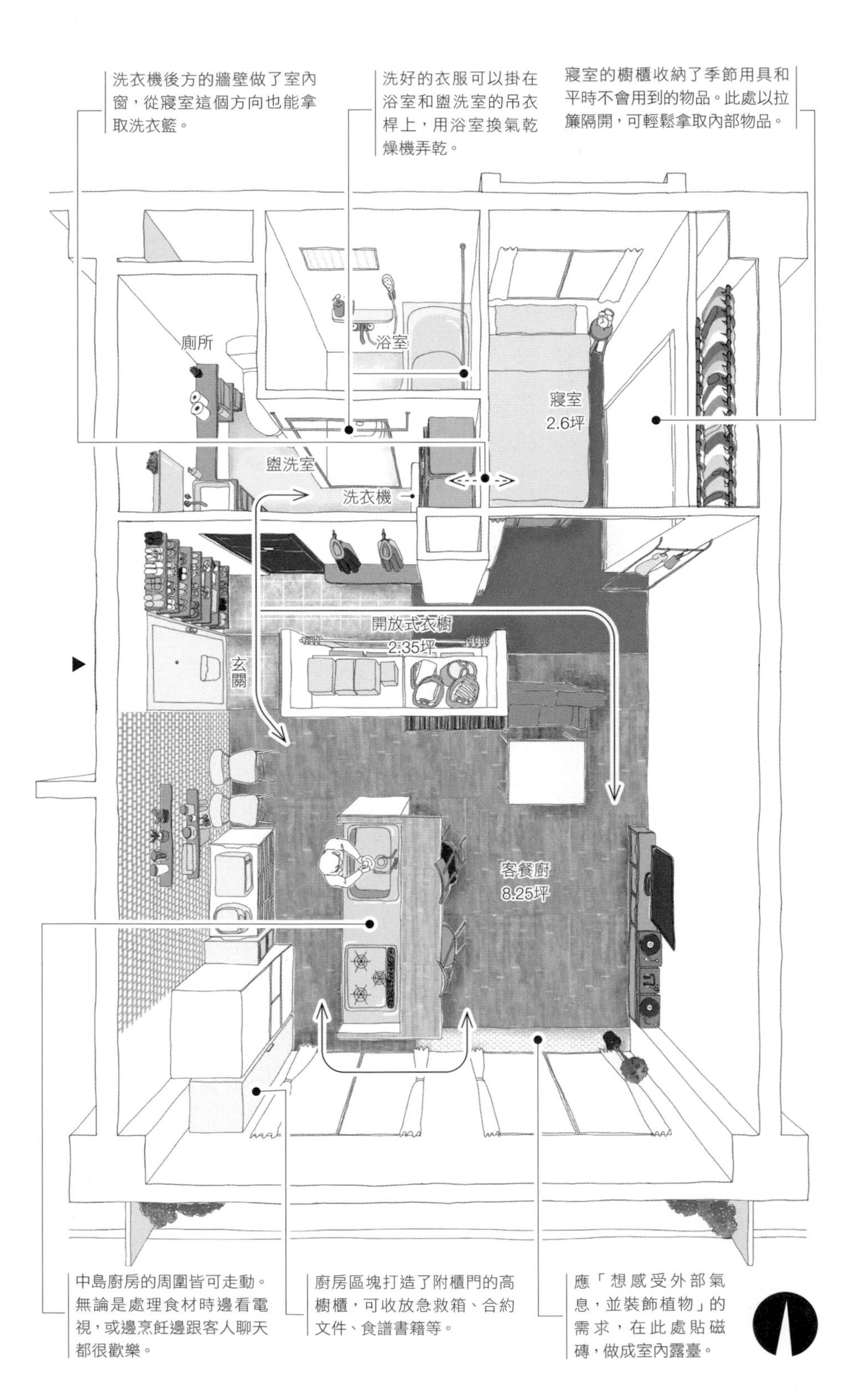

洗衣機後方的牆壁做了室內窗，從寢室這個方向也能拿取洗衣籃。
洗好的衣服可以掛在浴室和盥洗室的吊衣桿上，用浴室換氣乾燥機弄乾。
寢室的櫥櫃收納了季節用具和平時不會用到的物品。此處以拉簾隔開，可輕鬆拿取內部物品。
廁所
浴室
寢室
2.6坪
盥洗室
洗衣機
開放式衣櫥
2.35坪
玄關
客餐廚
8.25坪
中島廚房的周圍皆可走動。無論是處理食材時邊看電視，或邊烹飪邊跟客人聊天都很歡樂。
廚房區塊打造了附櫃門的高櫥櫃，可收放急救箱、合約文件、食譜書籍等。
應「想感受外部氣息，並裝飾植物」的需求，在此處貼磁磚，做成室內露臺。
面積
46
m²

Ｉ氏規劃格局時，將重點放在減輕做家事的負擔。其中祕訣就在於一次串聯起玄關、客餐廚、寢室、開放式衣櫥的循環動線。將開放式衣櫥配置在寢室跟盥洗室的動線上，除了早上準備出門相當方便，由於該處直通玄關，回家時也能馬上收好外套跟包包。開放式衣櫥靠盥洗室的那面牆上，做成可掛放衣服的收納空間，在著重實用性的同時，更產生了整潔感。Ｉ氏也很喜歡設置了相對型吧檯的中島廚房。相較於先前的住處，據說現在更常在家自己煮，邀朋友一起做菜的機會也變多了。此格局處處巧思並保有餘裕，就算之後變成兩人共居，想必也能住得舒適又愉快。

翻修動機與購屋關鍵因素

升職造就買房契機

Ｉ氏一人獨居，由於在公司升職，所以決定買房。選擇翻修中古公寓，是實現心中理想格局和室內裝潢的好方法。

便於打造循環動線的格局

Ｉ氏邊在心中勾勒理想布局，一邊尋找物件，最後選了玄關位置靠近住宅中央的格局；這很方便打造繞屋內空間一圈的循環動線。屋內沒有面向公共走道的窗戶，能夠保有隱私，這點也讓人很滿意。

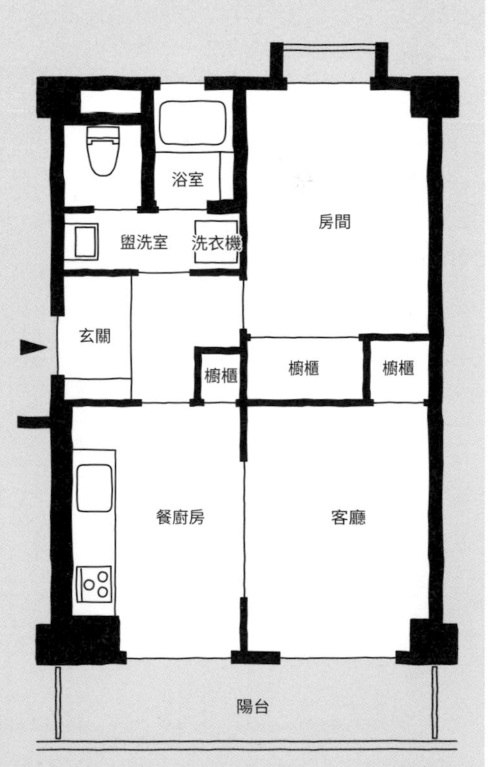

before

data

屋齡	實際坪數	建築結構	施工時長	家庭組成
42年	45.5㎡	RC結構	2個月	單身

雙薪夫妻的日常幫手：洗收一體型開放式衣櫥

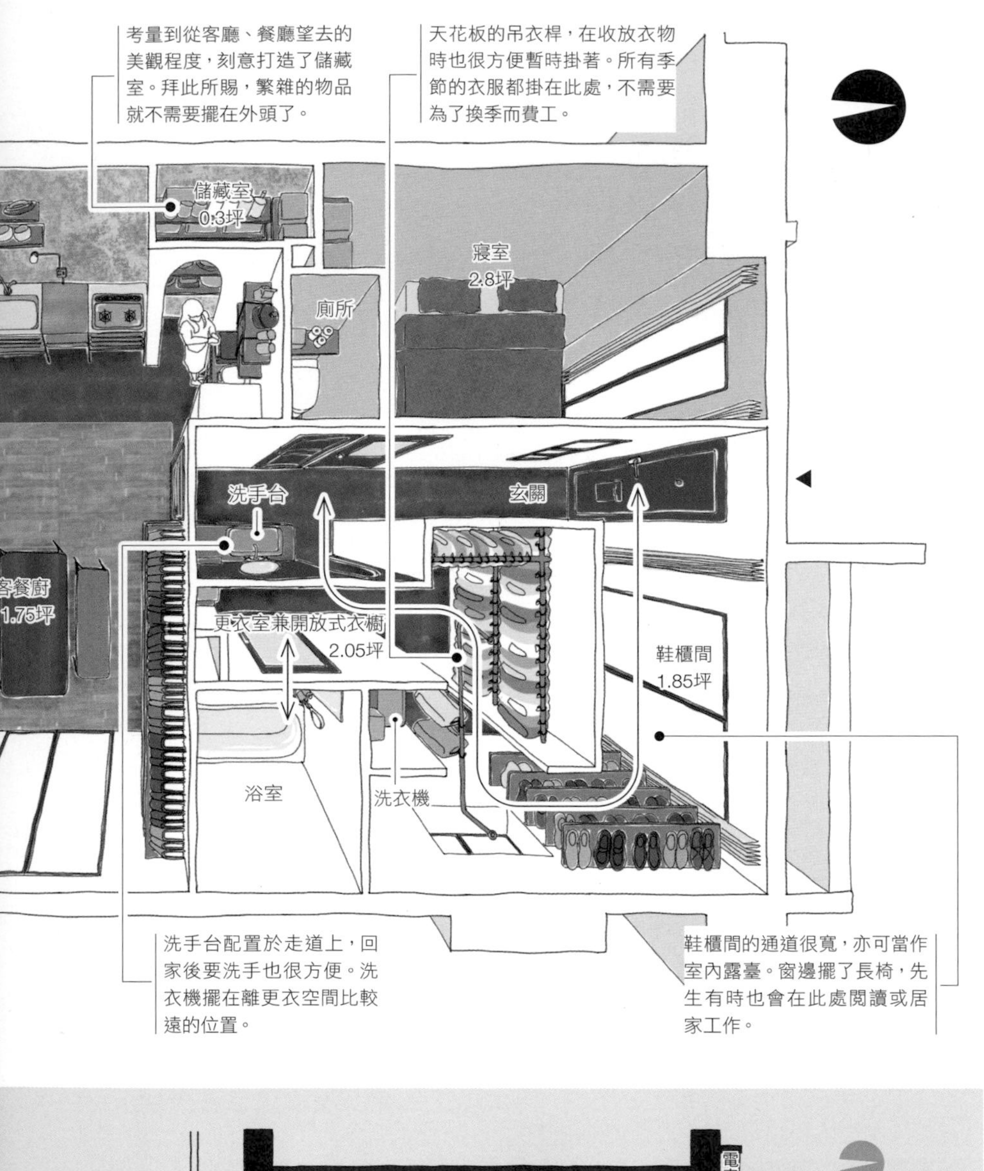

考量到從客廳、餐廳望去的美觀程度，刻意打造了儲藏室。拜此所賜，繁雜的物品就不需要擺在外頭了。

天花板的吊衣桿，在收放衣物時也很方便暫時掛著。所有季節的衣服都掛在此處，不需要為了換季而費工。

洗手台配置於走道上，回家後要洗手也很方便。洗衣機擺在離更衣空間比較遠的位置。

鞋櫃間的通道很寬，亦可當作室內露臺。窗邊擺了長椅，先生有時也會在此處閱讀或居家工作。

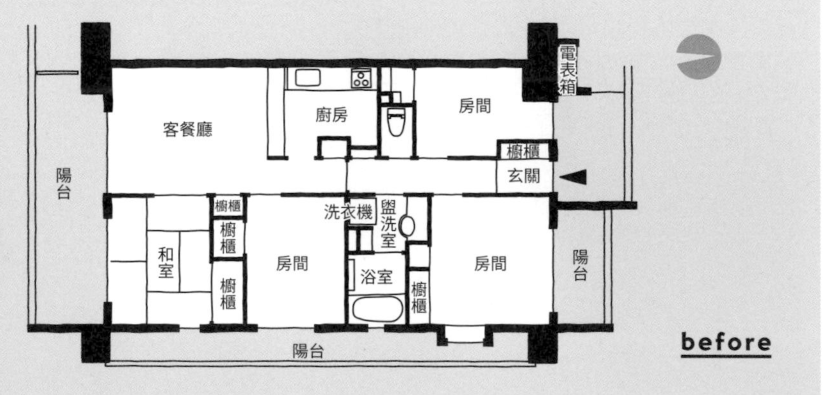

面積 82 m²

窗邊設置鐵桿，可用來掛窗簾或雜貨。

小孩房
2.3坪

窗邊做成室內露臺，能將外頭的氣息帶進客廳。在不顯眼的位置安裝鐵桿，可於室內晾衣。

S氏夫妻會一起在客廳居家工作。結合洗衣事務的更衣室兼開放式衣櫥，有助於劃開工作和家事的活動區域。只要用浴室換氣乾燥機和洗乾衣機弄乾衣物，就能直接收進衣櫥裡，洗、晾、收都能在同個空間內完成。由於兩人都在工作，不方便特地把衣服拿去外面晾，因此在窗邊也設置了晾衣空間。開放式衣櫥也可通往玄關脫鞋處的鞋櫃間，外出、回家時的動線都很流暢。另一方面，客餐廚則變成了清爽又寬闊的空間。冰箱和廚房家電擺放在不顯眼之處，並將廚房作業檯面設計成跟其他家具相同的調性。在休閒時間，全家人可以一起待在客餐廚愜意放鬆。

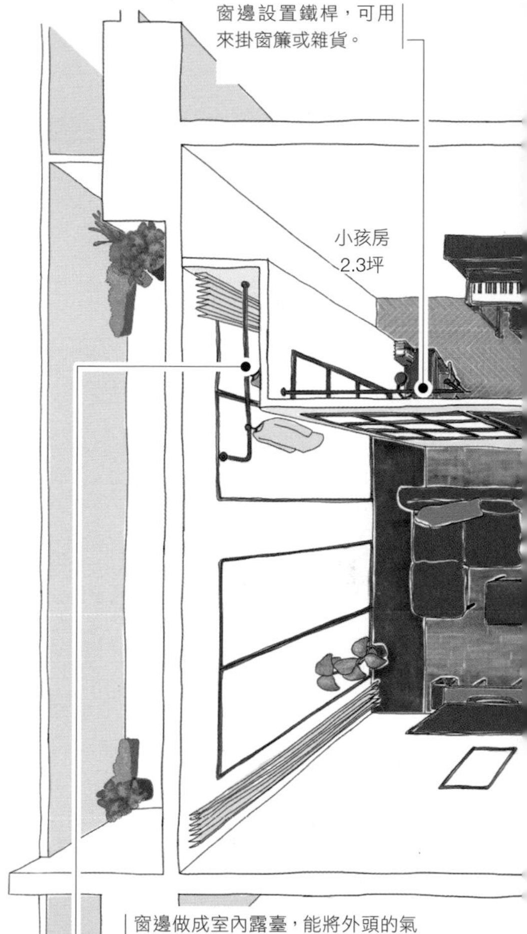

翻修動機與購屋關鍵因素

在住慣了的公寓裡買一間房

S氏全家人都很中意原先公寓租屋處的環境和社區，因此想買下同間公寓裡出售的物件。在入內看過幾間之後，買下了面積寬闊的邊間。

經過規劃的洗衣動線與符合喜好的室內裝潢

入手的物件面積82㎡，含四房客餐廚。翻修時希望要有寬敞的客廳、效率夠好的洗衣動線、便於使用的收納空間。透過翻修想達成的另一個願望，就是以灰和黑色為基調，營造出符合自身喜好的室內空間。

data

屋齡	實際坪數	建築結構	施工時長	家庭組成
21年	82.0㎡	RC結構	2.5個月	夫妻＋小孩（1名）

家中處處皆巧思，家事育兒都輕鬆

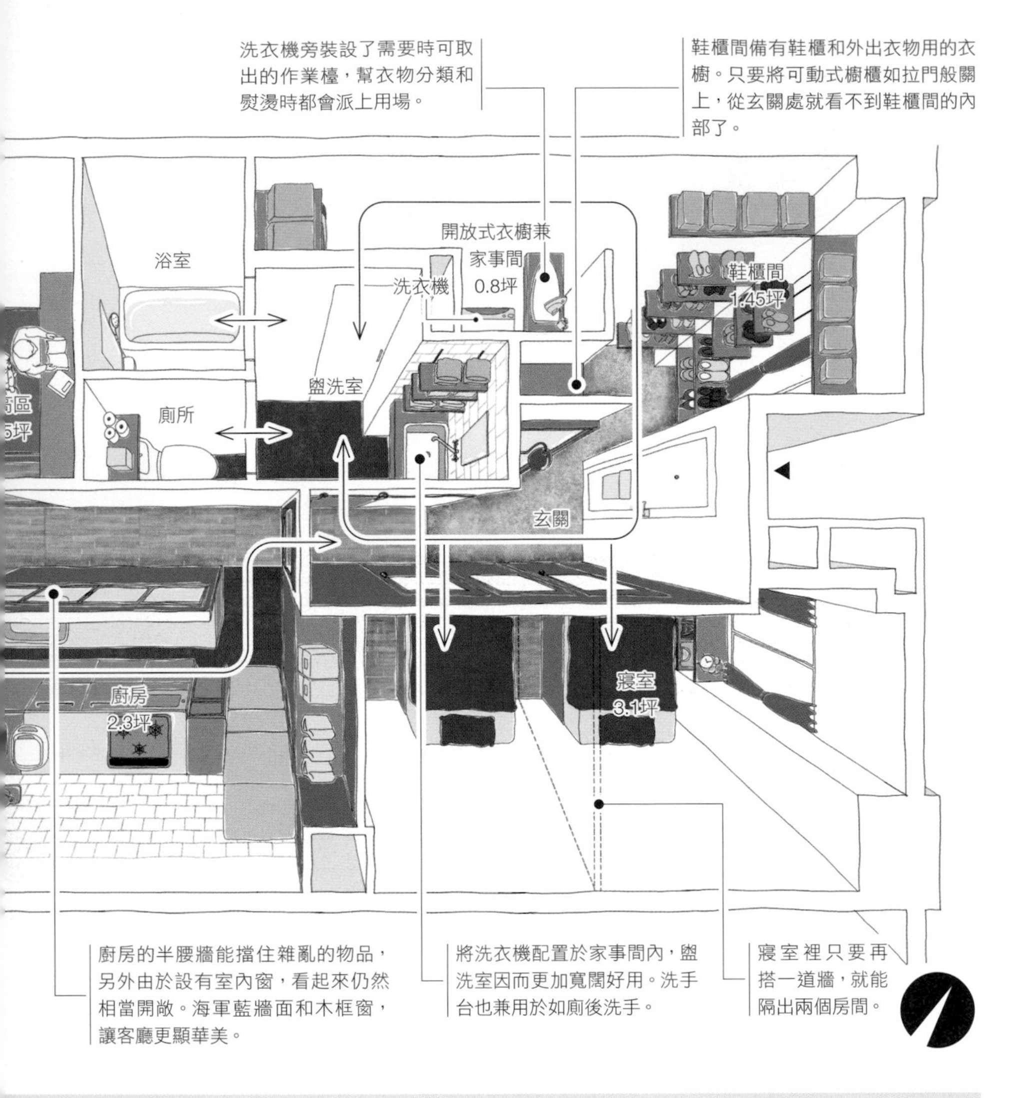

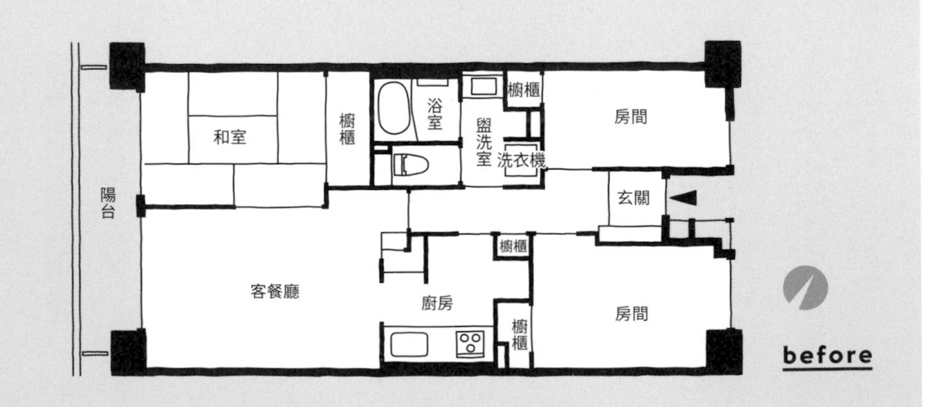

面積 68 m²

S氏一家人家有幼童，住宅中隨處充滿巧思，能讓物品更整齊、做家事更有效率。玄關很寬敞，回家時就算滿手東西也不怕；此外還能將嬰兒車、孩童戶外遊玩用具直接收進鞋櫃間內。就算玩了一身髒回家，只需運用從玄關脫鞋處穿越鞋櫃間後直通家事間的動線，就能清洗衣物和身體，不會把家裡給弄髒。廚房由室內窗圍起，在專心烹飪的同時，也能留意在客廳遊玩的小孩。客廳的架高區是個多功能區塊，地板下方備有可收放玩具的櫥櫃，是個工作空間，並有著室內晾衣用的吊衣桿，甚至備有掃地機器人的待命位置。這是一間重視與孩子互動的時光，做起家事相當輕鬆的住宅。

翻修動機與購屋關鍵因素

報名喜愛的Instagram經營者所發起的製作企畫

S氏夫妻報名了推廣育兒及住宅資訊的熱門IG經營者所發起的翻修製作企畫。太太向來就很憧憬該IG經營者的住處，甫報名翻修企畫，就覓得一間屋齡35年的公寓，通勤方便，離孩子的保育園也很近，完美搶下了僅限一組的參加名額。

能輕鬆劃分公私區域

他們買下了用水區位於住宅中央的物件。這樣的格局有利於劃分如寢室、櫥櫃等機能性空間，以及家庭成員用來放鬆的空間。

data				
屋齡	實際坪數	建築結構	施工時長	家庭組成
35年	67.72㎡	SRC結構	2.5個月	夫妻＋小孩（1名）

舒暢銜接的循環型單間

面積
60
㎡

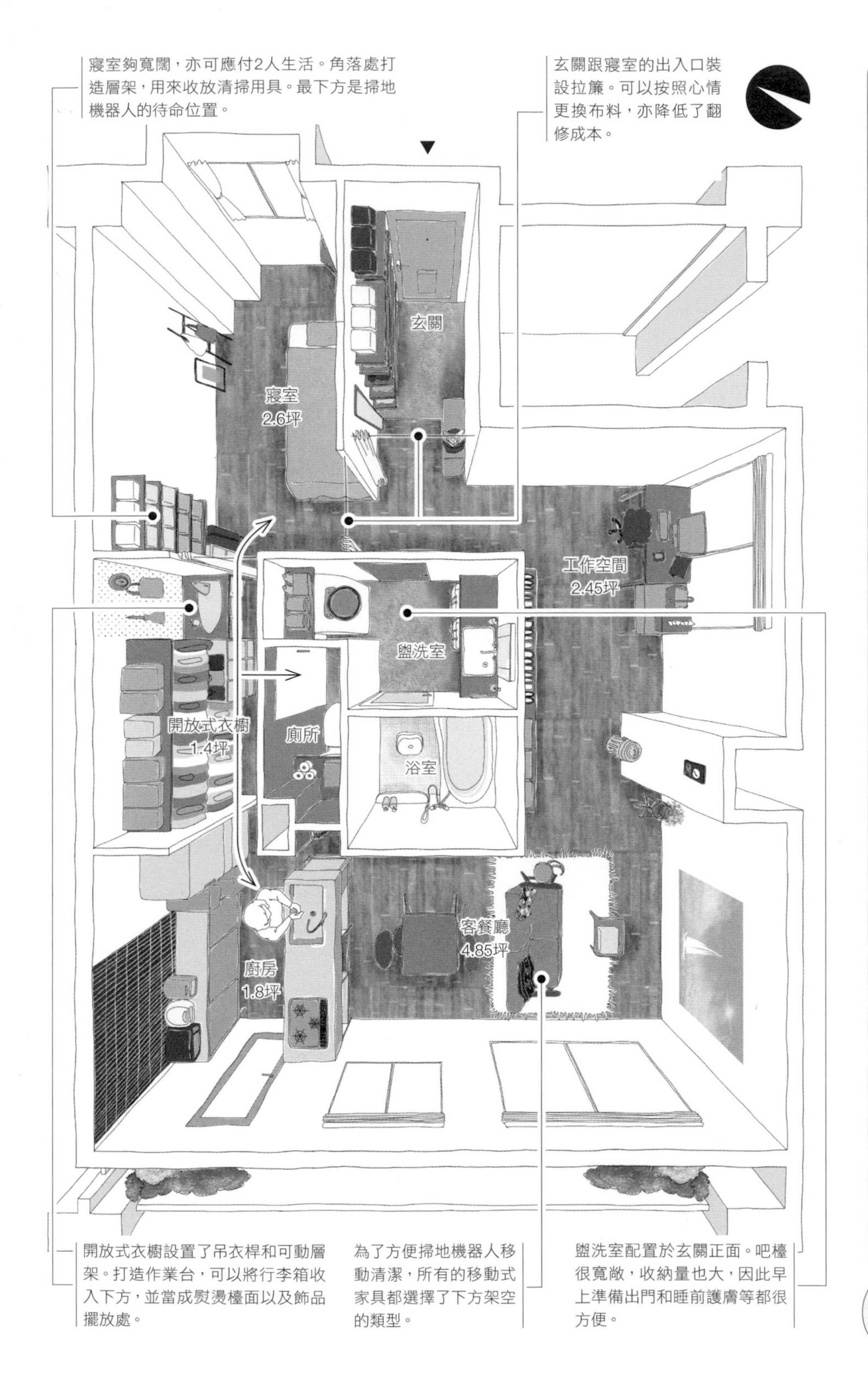

寢室夠寬闊，亦可應付2人生活。角落處打造層架，用來收放清掃用具。最下方是掃地機器人的待命位置。

玄關跟寢室的出入口裝設拉簾。可以按照心情更換布料，亦降低了翻修成本。

開放式衣櫥設置了吊衣桿和可動層架。打造作業台，可以將行李箱收入下方，並當成熨燙檯面以及飾品擺放處。

為了方便掃地機器人移動清潔，所有的移動式家具都選擇了下方架空的類型。

盥洗室配置於玄關正面。吧檯很寬敞，收納量也大，因此早上準備出門和睡前護膚等都很方便。

獨居的M氏希望擁有「便於應付未來變化，整體舒暢銜接的住處」，最後做出了一個單間，並將衛生設施集中在中央廂房，外圍可供繞行。能夠繞行的單間，雖是一個整體相連的空間，卻也有著被適度包圍的安心；值得開心的另一點是，可裝飾家具的牆面也變多了。另外，空間裡不設室內門，也讓掃地機器人在家中更方便移動。M氏由於居家工作，待在家中的時間變長了。易於維持整潔的住處，能幫助專心工作，據說也有更充裕的時間能享受做瑜珈的興趣，得以過著俐落切換狀態的生活。

翻修動機與購屋關鍵因素

位置、預算、面積、格局都符合所好

M氏最初曾考慮購買公寓新成屋。不過，由於預算無法在期望地區找到大小、格局都滿意的物件，於是改選翻修中古公寓。

挑選物件時考量了各式各樣的可能性

M氏在挑選地區時，希望距離方便往返老家，且電車路線要足夠便利。考量到未來出租和自身長住的這兩種可能性，深入了分析出租市場行情、跟醫院等生活設施間的距離，來選擇購買的物件。

before

data

屋齡	實際坪數	建築結構	施工時長	家庭組成
20年	60.22㎡	SRC結構	2.5個月	單身

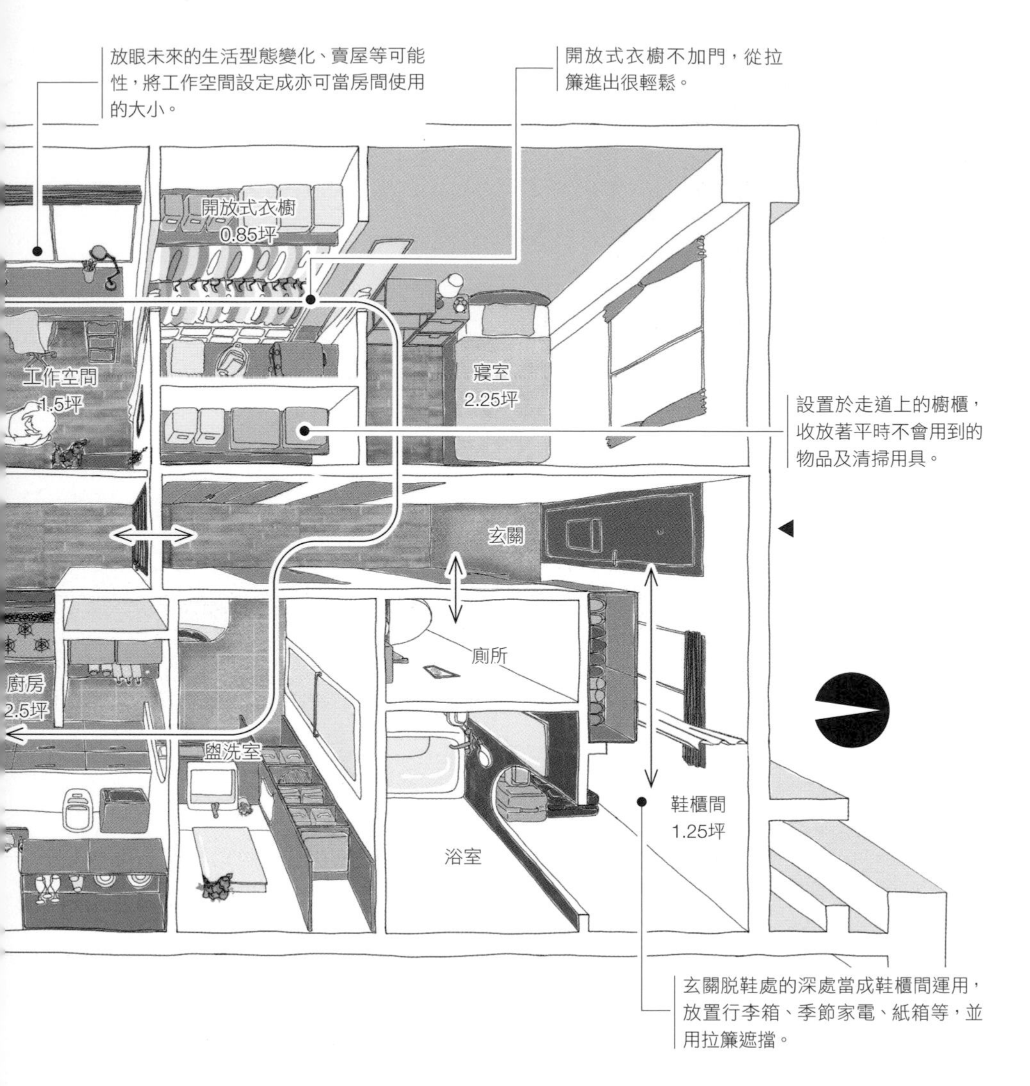
放眼未來的生活型態變化、賣屋等可能性，將工作空間設定成亦可當房間使用的大小。
開放式衣櫥不加門，從拉簾進出很輕鬆。
開放式衣櫥
0.85坪
寢室
2.25坪
工作空間
1.5坪
設置於走道上的櫥櫃，收放著平時不會用到的物品及清掃用具。
玄關
廁所
廚房
2.5坪
盥洗室
浴室
鞋櫃間
1.25坪
玄關脱鞋處的深處當成鞋櫃間運用，放置行李箱、季節家電、紙箱等，並用拉簾遮擋。

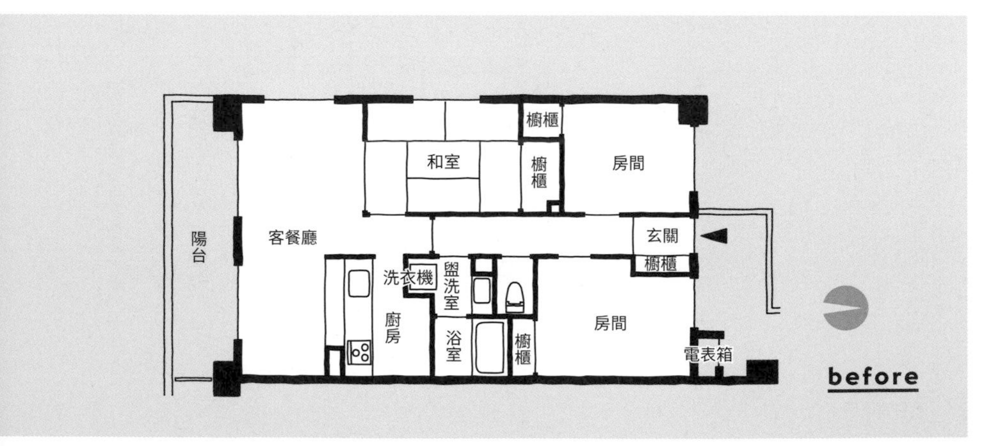
櫥櫃
和室
櫥櫃
房間
陽台
客餐廳
玄關
櫥櫃
洗衣機
盥洗室
廚房
浴室
櫥櫃
房間
電表箱
before

面積
64
㎡

在客廳跟工作空間的隔間牆上面打造室內窗戶。
客餐廳
6坪
窗邊的天花板上安裝吊衣桿，也當成裝飾綠意和雕塑的空間來活用。

K宅是中央有走道、兩房客餐廚+開放式衣櫥的格局，乍看之下很典型，其實處處充滿了做起家事更俐落的安排。串連起廚房和盥洗室的動線，很方便一邊洗衣一邊烹飪，衣服洗好後更可穿過廚房，將衣物迅速晾在窗邊。工作空間夠大，亦可當成房間使用；內部打造長吧檯，可化妝也可操作電腦。該處透過開放式衣櫥與寢室相連，在出門上班前也方便迅速打理儀容。寢室鄰近盥洗室的出入口，形成循環動線，也是一大重點。這樣的動線規劃易於改動，足以應付未來家庭組成和空間運用方式的變化。

翻修動機與購屋關鍵因素

尋求符合喜好的室內設計以及做家事的便利性

K氏獨居，理想的住家條件是「能生活在符合個人品味的空間裡，被中意的室內設計所環繞，做起家事很輕鬆」。在優先考量地點的情況下，發現預算在新建案中找不到合乎條件的物件，於是決定透過翻修中古公寓來實現理想。

挑物件時也預先設想生活型態的變化

K氏將未來生活的變化也納入考量，最後買下面積64㎡的物件，就算兩個人也完全夠住。這是鄰近車站、三面開窗的開闊邊間，位置也很令人滿意，從窗戶可以看見電車和綠意。

data

屋齡	實際坪數	建築結構	施工時長	家庭組成
23年	64.0㎡	SRC結構	2個月	單身

COLUMN 1

了解翻修中古公寓的完整流程

在日本翻修中古公寓，該如何按部就班執行？
事先掌握「挑選物件」、「貸款與支付」、「設計與施工」等相關完整流程〔※1〕，
就能更流暢地打造住家。

申辦

申請需要的服務

挑選物件

- 選定物件
- 資金規劃
- 確認想法

釐清理想生活的樣貌，挑選適合翻修的物件。

- 入內看房
- 辦理購屋
- 不動產買賣契約

藉由此契約，確定買下該物件。

2week

1.5month

貸款與支付

- 貸款事前審查

針對申購物件的事前審查。

- 支付訂金
- 各類費用（印紙代、仲介費）
- 貸款正式審查
- 金錢消費借貸契約

即貸款契約。針對購屋和施工費用的借貸締結契約。

設計與施工

- 簽署施工承包契約

締結承包契約，以分階段推進設計和施工。申請購屋修繕合一型貸款〔參照P70〕時需要用到。

- 室內格局提案並訂定方向
- 確定內部裝潢、設備機器等方向
- 確認估價，一邊調整格局、裝潢、設備機器

1.5～2month

建議！

必要文件

主要在申請貸款和簽約的現場，會需要以下物品。

當事人確認文件	收入狀況文件	印鑑	公家文件
• 駕照、護照等 • 健康保險證	• 受雇者準備「源泉徵收票」（最近1期份） • 自營業者準備「決算報告書」（最近3期份） • 自雇者準備「確定申告書」（最近3期份）	• 實印／認印（不接受內含墨水之印章） • 銀行印	• 住民票 • 印鑑證明書 • 住民稅決定通知書

※1）此為選擇「RENOVERU」翻修團隊時的流程。不同業者亦可能有部分差異。
※2）若以現金支付工程費用，付款時間點會有不同。

在客餐廚設置多功能廂型衣櫥的住宅

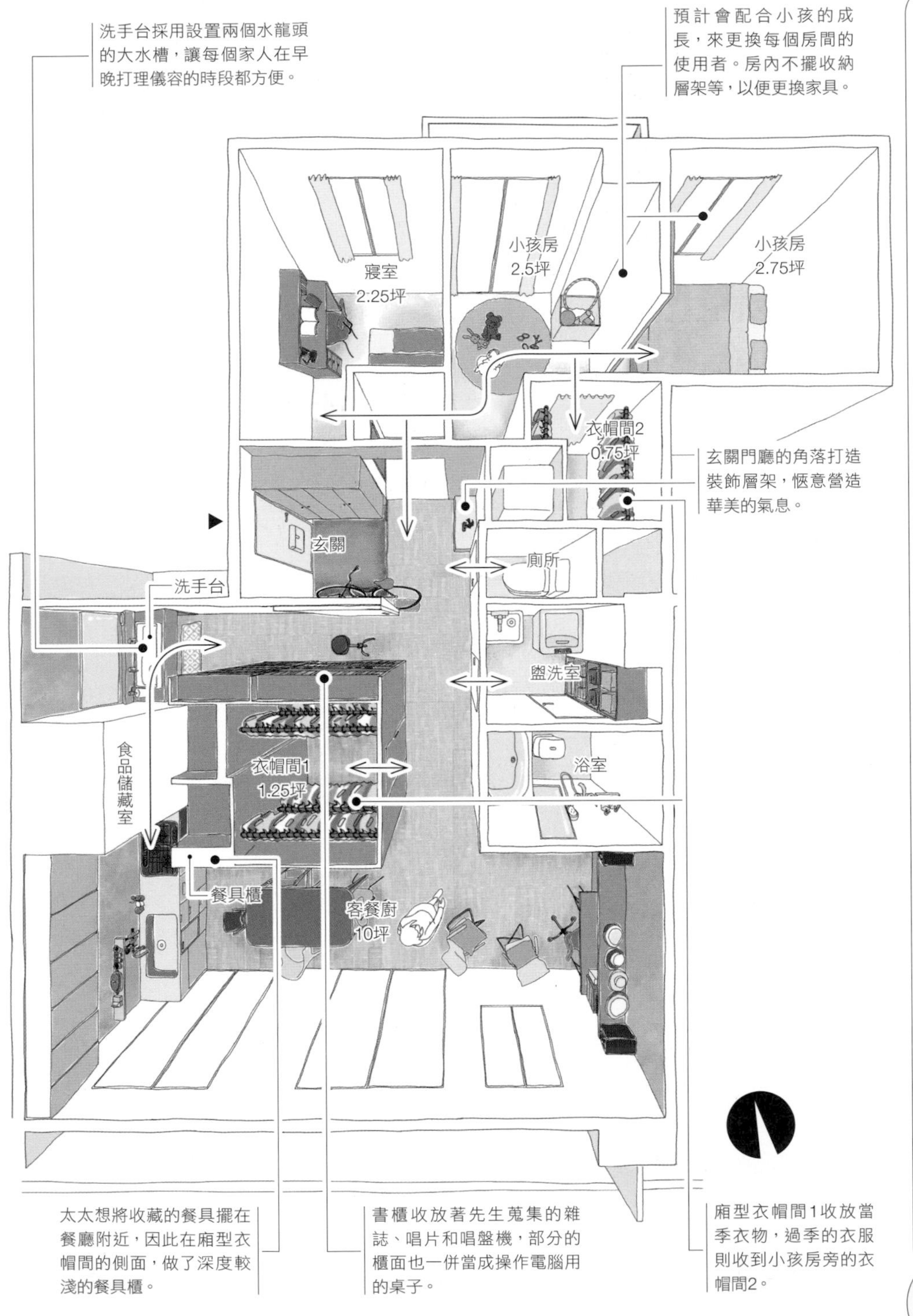

洗手台採用設置兩個水龍頭的大水槽，讓每個家人在早晚打理儀容的時段都方便。
預計會配合小孩的成長，來更換每個房間的使用者。房內不擺收納層架等，以便更換家具。
寢室
2.25坪
小孩房
2.5坪
小孩房
2.75坪
衣帽間2
0.75坪
玄關門廳的角落打造裝飾層架，愜意營造華美的氣息。
玄關
廁所
洗手台
盥洗室
食品儲藏室
衣帽間1
1.25坪
浴室
餐具櫃
客餐廚
10坪
太太想將收藏的餐具擺在餐廳附近，因此在廂型衣帽間的側面，做了深度較淺的餐具櫃。
書櫃收放著先生蒐集的雜誌、唱片和唱盤機，部分的櫃面也一併當成操作電腦用的桌子。
廂型衣帽間1收放當季衣物，過季的衣服則收到小孩房旁的衣帽間2。

面積
89
m²

S氏一家有兩個女兒，為了保有三個房間，同時解決收納空間不足的問題，而在客餐廚配置了廂型的衣帽間。在空間中央配置巨大的包廂，也得以在同一處整合唱片和雜誌收納處、全家人都能使用的開放式洗手台、食品儲藏室等功能，效率極佳。包廂外圍的循環動線，令空間通暢起來，客餐廚的大小感覺起來也更適中了。至於房間，則統一配置於玄關另一頭的北側。S氏夫妻很喜歡在孩子們入睡後，兩人一起在客廳看電影或悠哉閱讀的時刻。這是將家庭時光、各自的空間、興趣全都集於一身的奢侈格局。

翻修動機與購屋關鍵因素

從訂製住宅
改選翻修中古屋

S氏夫妻原先曾考慮過新建的訂製住宅，或將五年內中古公寓部分改造。不過他們發現「相較於付出的金額，能獲得的格局和裝潢令人不甚滿意」，因此改走全面翻修老公寓一途。

花了一年半
終於找到未經翻修的物件

耗費約一年半時間所找到的物件，玄關位於住宅中央，客餐廚朝南，並且管理得當。由於屋主仍住在裡頭，裝潢和設備都還是舊的，得以談到比行情更划算的價格，也成了購屋的一項推力。

before

data

屋齡	實際坪數	建築結構	施工時長	家庭組成
38年	88.71㎡	RC結構	2個月	夫妻+小孩（2名）

附高架床的衣帽間，讓客餐廚變寬闊

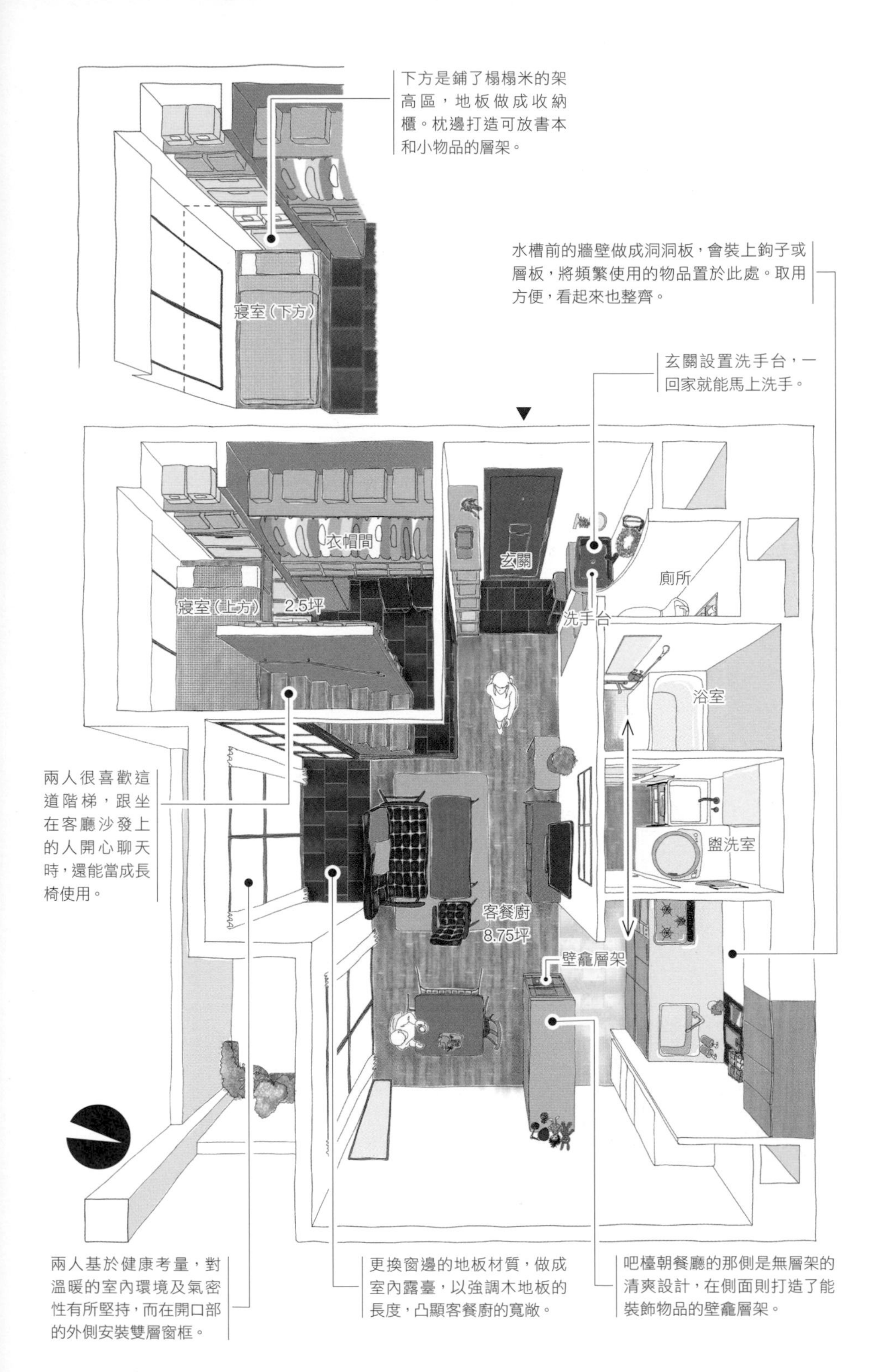

下方是鋪了榻榻米的架高區，地板做成收納櫃。枕邊打造可放書本和小物品的層架。

水槽前的牆壁做成洞洞板，會裝上鉤子或層板，將頻繁使用的物品置於此處。取用方便，看起來也整齊。

玄關設置洗手台，一回家就能馬上洗手。

兩人很喜歡這道階梯，跟坐在客廳沙發上的人開心聊天時，還能當成長椅使用。

兩人基於健康考量，對溫暖的室內環境及氣密性有所堅持，而在開口部的外側安裝雙層窗框。

更換窗邊的地板材質，做成室內露臺，以強調木地板的長度，凸顯客餐廚的寬敞。

吧檯朝餐廳的那側是無層架的清爽設計，在側面則打造了能裝飾物品的壁龕層架。

面積
45
m²

F氏夫妻翻修了約45㎡的物件，要當成「最終的住所」。由於太太希望能「開裁縫課程」、「把寢室做成高架床」，將衣帽間和高架床合而為一的點子因而誕生。將寢室和收納整合在同個房間內，成就了足以接待客人的寬闊客餐廚。可供圍成一圈做事的廚房吧檯能收放家電，因此室內感覺相當整潔。太太很喜歡一打開寢室門就是樓梯跟鐵扶手的這一點，在視覺上顛覆了公寓的平面式形象，成了空間裡的吸睛焦點。這間住宅有效運用有限空間，讓生活十分盡興。

翻修動機與購屋關鍵因素

在住慣的地點翻新住處

F氏夫妻翻修了屋齡34年的物件。這是他們的自有住宅，在被調到東京工作後，此處原本當成回大阪時暫住的房子。兩人希望老了之後，能在有家人朋友的老家大阪實現自身的理想生活，因此決定重新翻修。

想打造寬闊又帥氣的單間

原始格局在小小的餐廳、廚房兩側各有一個房間，但若只有夫妻兩人一同生活，還是比較想在一個寬闊的單間中自在起居。重點在於設法保有能舒適入睡的場所，並擴展客餐廚的空間。

before

data

屋齡	實際坪數	建築結構	施工時長	家庭組成
34年	45.0㎡	RC結構	2個月	夫妻

廚房跟盥洗室的出入口彼此相對，以縮短做家事的動線。

窗邊地板做成另一種樣式，當成室內露臺，將向著屋外豐沛綠意的陽台延伸至室內。

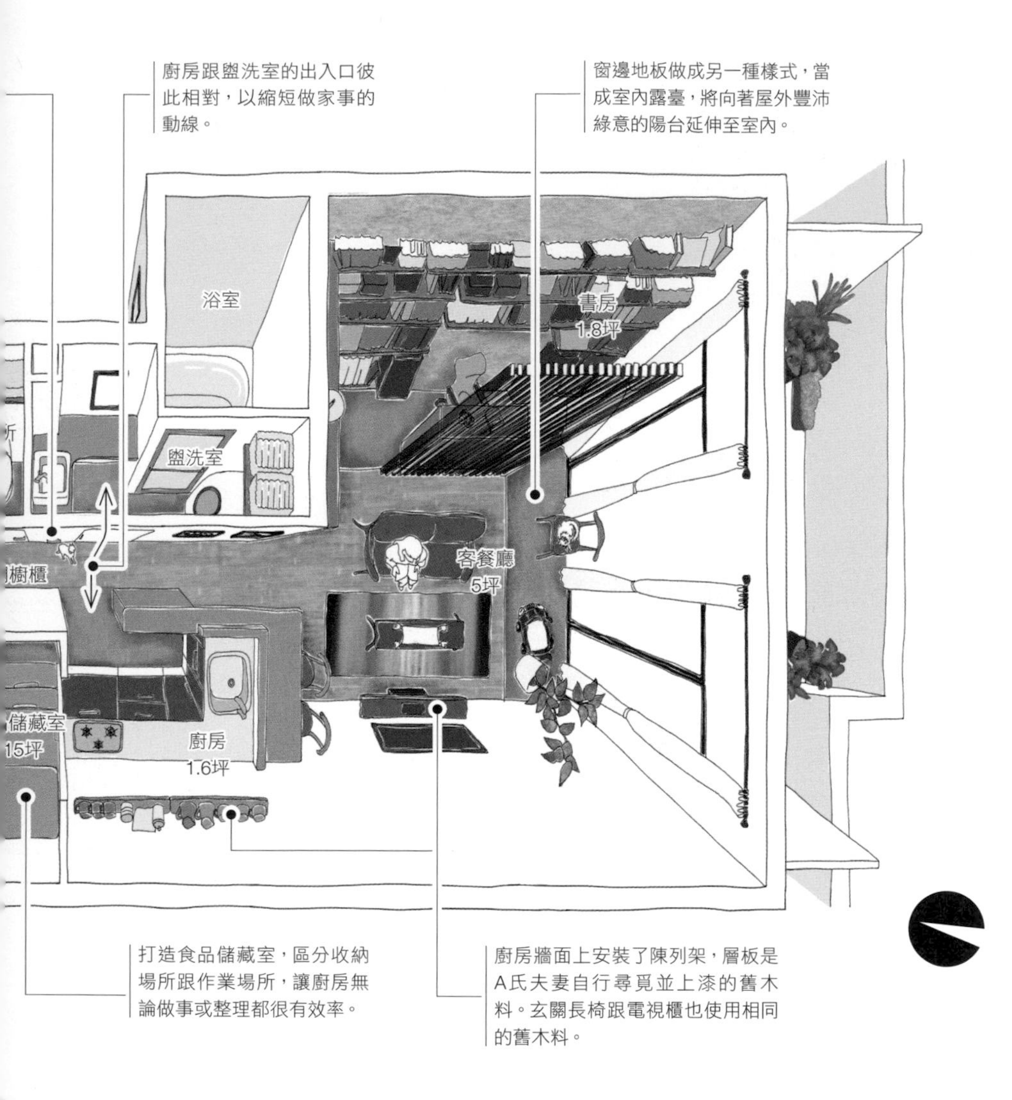

打造食品儲藏室，區分收納場所跟作業場所，讓廚房無論做事或整理都很有效率。

廚房牆面上安裝了陳列架，層板是A氏夫妻自行尋覓並上漆的舊木料。玄關長椅跟電視櫃也使用相同的舊木料。

運用巧思，兼擁「裝飾」和「整潔」的家

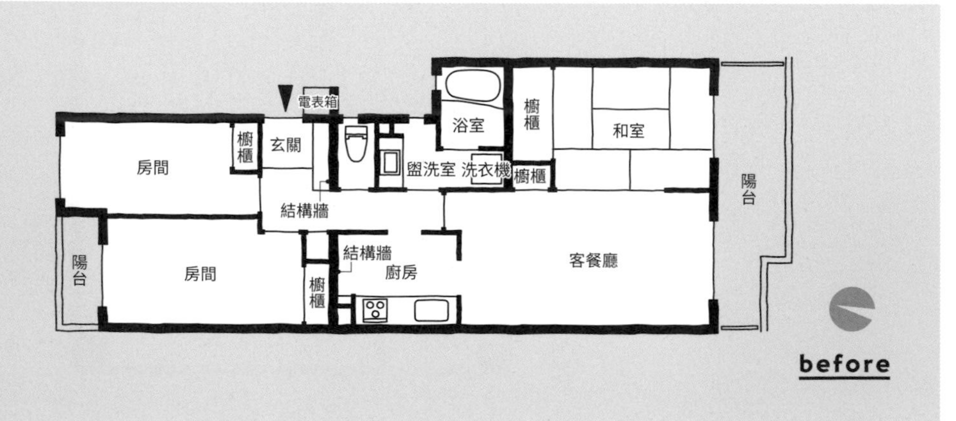

面積
76
m²

適逢小孩獨立離家，A氏夫妻開始打造起兩人專屬的家。他們希望理想的住處，可以把過往住家所無法裝飾的器皿和書本拿出來擺飾。兩人很中意整面牆都做成書架的書房，直向百葉木隔間成了恰到好處的遮擋，讓客廳顯得相當清爽。廚房的牆上安裝層架，當成裝飾器皿和書本的「展示收納」。玄關正面打造了半腰高的附門櫥櫃，可在上頭裝飾繪畫和小物品，形成一處待客空間。另一方面，生活動線沿線的收納規劃，也是A宅的一大重點。連起玄關↓鞋櫃間↓寢室↓開放式衣櫥的這條動線，實現有條不紊的生活。這是將「裝飾」和「整潔」掌握得恰到好處的舒適住宅。

孩子回家過夜時，會睡在多功能空間裡。這在平時則是太太做瑜珈的地方。

盥洗室出入口旁的牆上設有貓門。

鞋櫃間 0.6坪

玄關

多功能空間 1.5坪

寢室 1.9坪

開放式衣櫥 1.25坪

為了防止貓咪跑出去，在玄關脫鞋處跟走道間設置入牆式玻璃拉門。

翻修動機與購屋關鍵因素

在住家營造時不需妥協

A氏夫妻表示，之所以會選擇翻修中古公寓，是因為「在挑房子時，包括地點、環境、屋內設計全都不必妥協」。能實現跟貓咪一起舒適生活的心願，也是選擇翻修的一大動機。

可騎自行車通勤 綠廊道旁的靜謐環境

兩人很喜歡南側陽台可以看見綠廊道的綠意，因此買下此房。太太曾實際嘗試，確認可騎自行車通勤到公司才做出決定。由於玄關跟廚房之間有著支撐建築物的結構牆，而想到將該牆當成格局上的界線，切開房間和客餐廳。

data

屋齡	實際坪數	建築結構	施工時長	家庭組成
22年	75.84㎡	RC結構	2個月	夫妻＋貓

在收納中體現「個人風格」的單間

廚房的背面收放著冰箱、洗衣機和垃圾桶。此外在洗衣機上方有著層架，擺放各式各樣的儲備糧食。

開放式衣櫥與隔開客、餐廳的收納櫃，設定成跟天花板間留有縫隙的高度，讓光線和風也能進入開放式衣櫥。

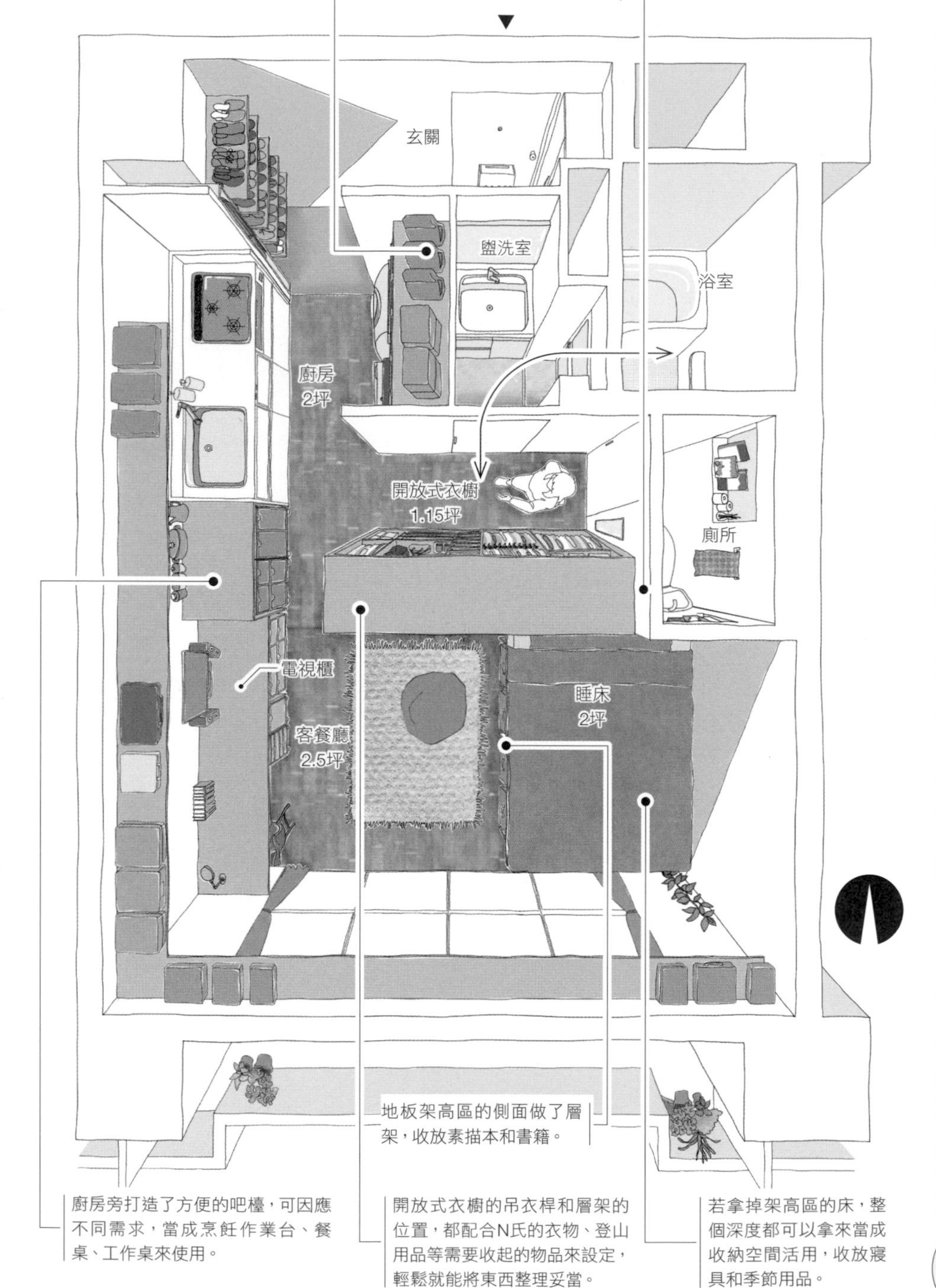

地板架高區的側面做了層架，收放素描本和書籍。

廚房旁打造了方便的吧檯，可因應不同需求，當成烹飪作業台、餐桌、工作桌來使用。

開放式衣櫥的吊衣桿和層架的位置，都配合N氏的衣物、登山用品等需要收起的物品來設定，輕鬆就能將東西整理妥當。

若拿掉架高區的床，整個深度都可以拿來當成收納空間活用，收放寢具和季節用品。

面積
36
m²

N氏的興趣是登山，開放式衣櫥可以收納大量的登山用品和衣物，並將36㎡的單間住處輕巧隔開。開放式衣櫥的收納物品可一覽無遺，同時兼是通往浴廁的動線，有助於流暢地打理儀容。玄關的動線設計得較長，部分牆面安裝洞洞板，可供裝上層板或鉤子，擺放外出衣物，或將喜愛的書籍陳列出來欣賞。睡床的地板架高，下方亦可當成收納空間活用。此外由於將桌子和電視櫃直接靠牆固定，也就不需要另外擺放移動式家具，獲得了可供重訓和伸展的寬闊空間。這間住宅根據必需品來量身打造收納計畫，享受著甚具個人風格的生活。

翻修動機與購屋關鍵因素

想解決對租屋生活的不滿意

N氏認為，先前住了一段時間的住家並不符合自己的生活型態，感到不甚滿意。由於受到「能按個人堅持來安排空間」這點所吸引，於是選擇翻修中古公寓，著手打造適合自己的家。

新設的用水配備直接拿來運用

N氏希望「浴室、廁所要分開」、「廚房要有作業空間」，最後找到了這個物件。由於已經翻新完畢，用水區的設備都很新，於是決定直接運用，以求降低成本。廚房、洗手台、浴室都直接使用，馬桶、洗衣機底座則配合新格局改換擺放位置後重新利用。

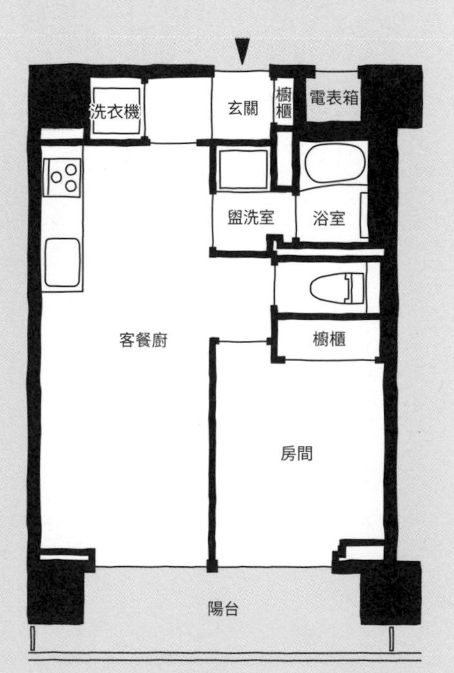

before

data

屋齡	實際坪數	建築結構	施工時長	家庭組成
42年	35.7㎡	RC結構	2個月	單身

能置物、能聚會、能休閒：萬能的L型架高地板

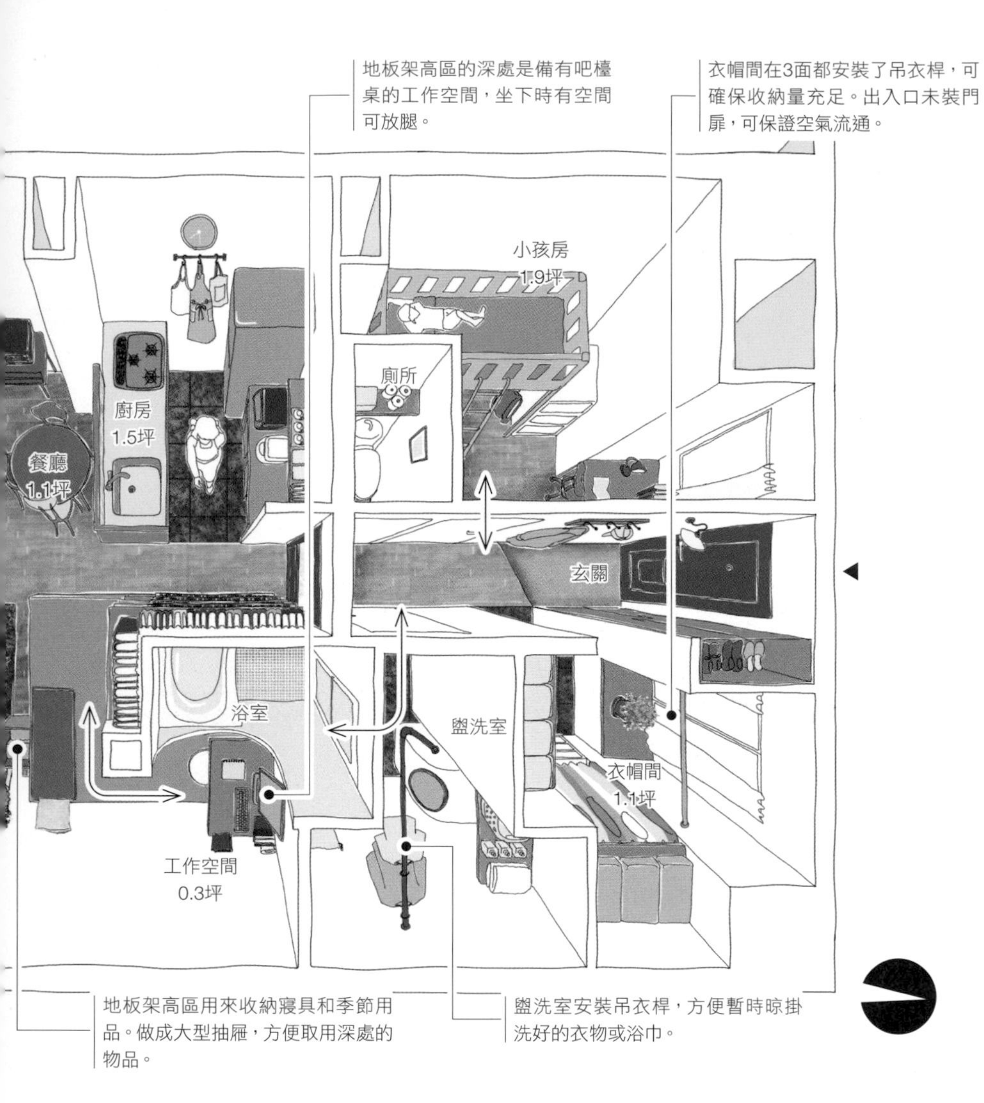

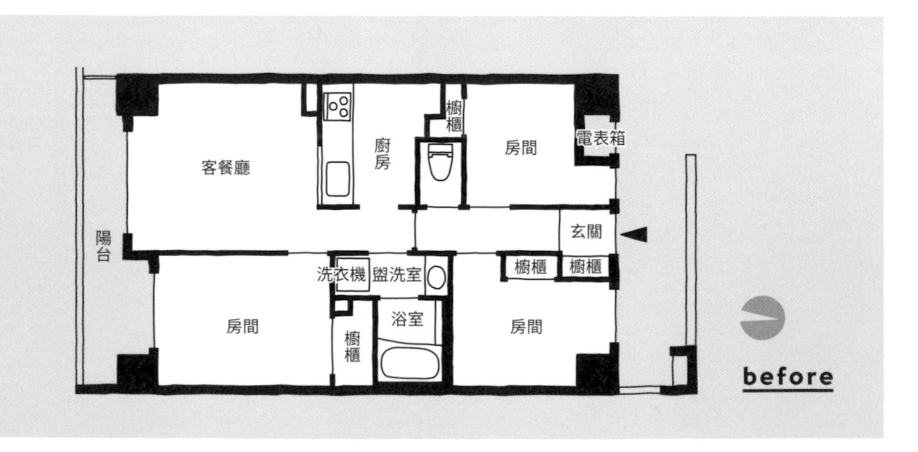

面積
55
m²

F氏一家人渴望擁有能跟友人聚會的客廳。為求在55㎡的物件中實現這個夢想，於是打造L型架高地板，將下方做成收納櫃。在這裡可坐、可躺臥，是家人和客人都能舒適放鬆的地點。浴室外圍牆面打造書架，做成展示型收納，將F氏夫妻喜歡的書本當成室內擺設。為了擁有寬闊的客廳，在設計房間時也下了巧思。小孩房跟寢室都縮小，並相應規劃能收放全家人衣物的衣帽間。小小寢室位於客餐廚角落，多虧具有用來擺放植物的室內露臺和室內窗，感覺起來並不狹窄。在有限的空間裡，仍然同時擁有了櫥櫃、房間和客廳，是個充滿精心設計的格局。

穿過陽台的光線和風，都能透過室內窗進到餐廳和廚房。不只寢室，就連客餐廚也產生了開闊感。

吊衣桿可用於室內晾衣，亦可懸掛裝飾植物。另外也很常拿來掛客人的外套。

翻修動機與購屋關鍵因素

房屋有年紀但用水配備是新的

「比起閃亮亮的新成屋，更喜歡有韻味的舊房子。但是希望用水配備必須更新。」對抱持這番想法的F氏夫妻而言，翻修中古公寓正是實現理想的完美方法。

重視無法透過翻修改變的周遭環境與公用設施

F氏夫妻很重視「方便通勤的位置」、「能放鬆養育小孩的環境」、「大門自動鎖等公用設備必須齊全」，而選擇了屋齡24年的物件。此物件約55㎡，供一家三口生活稍嫌小巧，但只要用心規劃格局，就能解決這個問題。

data

屋齡	實際坪數	建築結構	施工時長	家庭組成
20年	55.28㎡	SRC結構	2個月	夫妻＋小孩（1名）

可以完整隱藏的牆面收納：營造簡約空間

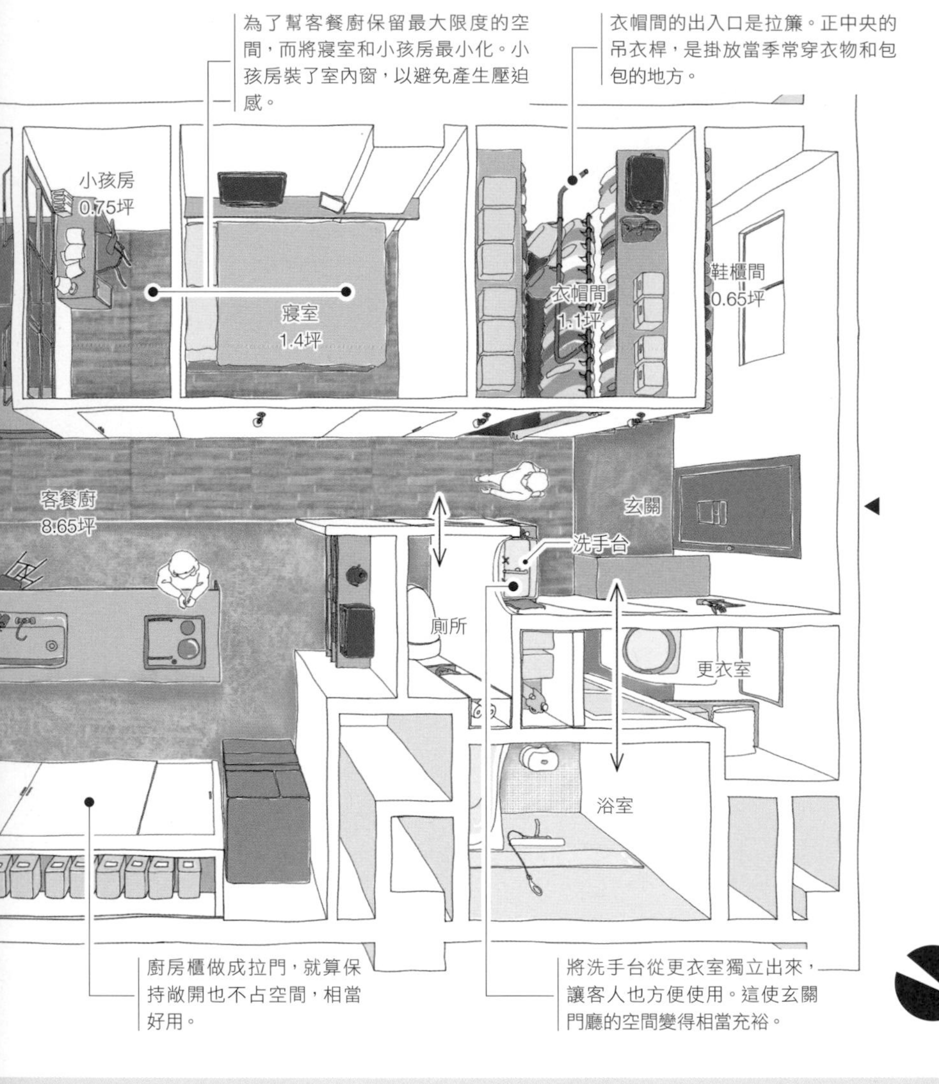
為了幫客餐廚保留最大限度的空間，而將寢室和小孩房最小化。小孩房裝了室內窗，以避免產生壓迫感。
衣帽間的出入口是拉簾。正中央的吊衣桿，是掛放當季常穿衣物和包包的地方。
小孩房
0.75坪
寢室
1.4坪
衣帽間
1.1坪
鞋櫃間
0.65坪
客餐廚
8.65坪
玄關
洗手台
廁所
更衣室
浴室
廚房櫃做成拉門，就算保持敞開也不占空間，相當好用。
將洗手台從更衣室獨立出來，讓客人也方便使用。這使玄關門廳的空間變得相當充裕。

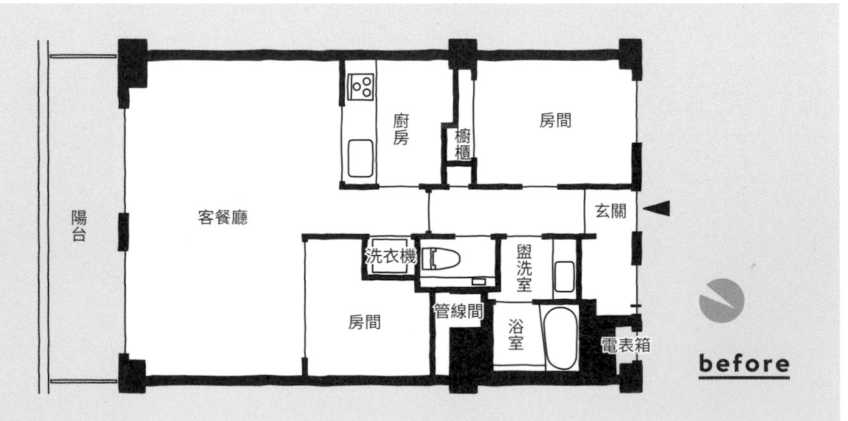
陽台
客餐廳
廚房
櫥櫃
房間
玄關
洗衣機
盥洗室
房間
管線間
浴室
電表箱
before

面積
63
m²

C氏夫妻將打造新家的主題設定為「如同蜜月旅行中住過、充滿回憶的飯店那般，簡約又高雅的空間」。由於舊家的東西總是放得凌亂，曾讓他們感到不開心，因此也堅持新家必須方便整理。而這箇中關鍵，正是打造於廚房背面、寬4.5m的牆面收納櫃。之中收放了廚房用品、生活用品，靠窗那側還容納了一個工作空間。只要關上拉門，看起來就是一面白牆，使得跟餐桌合體的巨大中島廚房更加搶眼。鞋子和運動用品放在深度充足的鞋櫃間，衣物統一放在衣帽間，寢室則純粹是睡覺的空間。兩人會在清爽又時髦的客餐廚，舉辦歡樂的居家派對。

架高地板可供放鬆躺臥，下方做成收納櫃，結合了靠廚房那側的抽屜，以及可從上方開闔的收納櫃。

在原有的紗窗內側加設雙層木窗，除了讓室內擺設更有溫度，亦提升隔熱與隔音功能。

為了收放窗簾，而在落側邊保留牆面。裡頭也了吸塵器等清潔用具。

翻修動機與購屋關鍵因素

從公寓新建案轉向翻修中古公寓

C氏夫妻先前住在新建公寓的租屋處。他們發現「並不是新落成，就代表一定可以達到理想的生活」，於是選擇翻修中古公寓一途，以求按自身喜好建構空間。C氏夫妻同樣重視育兒環境，對他們而言，能挑選居住街區也是一大魅力。

管理狀態良好的老公寓

兩人選擇了屋齡52年的老公寓，很喜歡它鄰近車站、日照充足，有著寬闊且視野良好的陽台。公共區域的管理狀態良好，也是購屋的關鍵因素。

data

屋齡	實際坪數	建築結構	施工時長	家庭組成
52年	63.0㎡	RC結構	2.5個月	夫妻

吧檯是配合既有櫥櫃的尺寸訂製而成。東西不用藏起，也能營造整齊的形象，因而省下了打造抽屜、櫃門的費用。

設置可變更層板高度的可動式鞋櫃。

三個連續的拱形垂直牆面之間安裝吊衣桿，是可以盡情「裝飾」的收納處。

展示型衣櫥與河景客餐廚

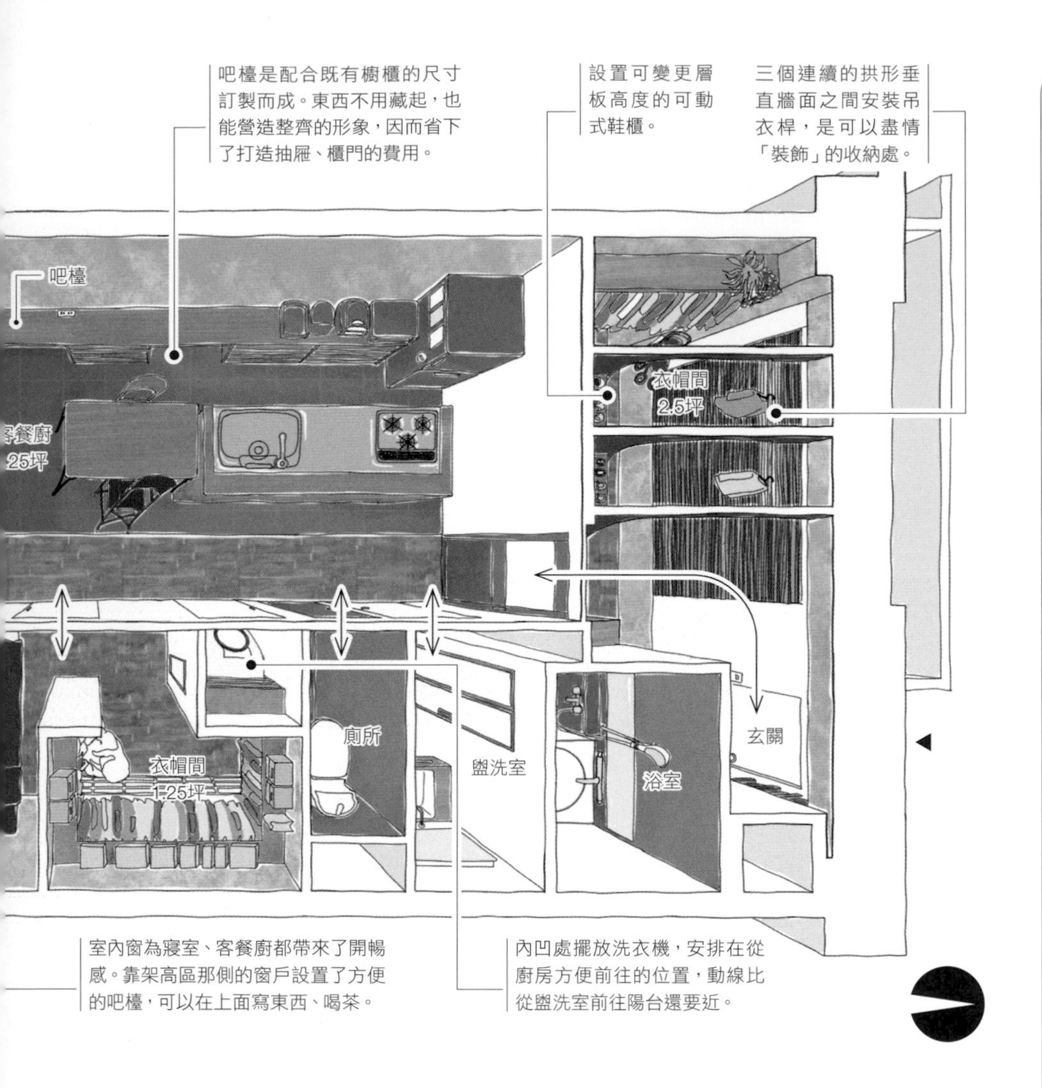

室內窗為寢室、客餐廚都帶來了開暢感。靠架高區那側的窗戶設置了方便的吧檯，可以在上面寫東西、喝茶。

內凹處擺放洗衣機，安排在從廚房方便前往的位置，動線比從盥洗室前往陽台還要近。

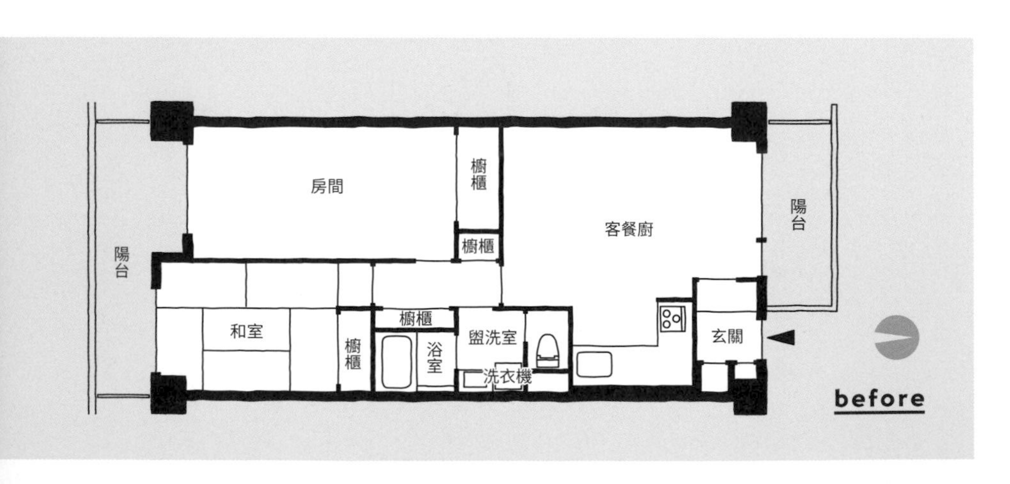

面積
70
m²

一進到T宅的玄關，迎面便是衣帽間和鞋櫃，由令人印象深刻的三連拱型垂直牆面切劃開來。因應太太的願望「希望以裝飾般的方式收放鞋子和服裝」，而規劃了宛如店家的空間，據說無論挑選或整理衣物都能帶來許多樂趣。拱型垂直牆面的靈感，來自於T氏夫妻很喜歡的，建於京都南禪寺內的水路閣。玄關的衣帽間用來放外衣，寢室旁的衣帽間則收納日常服裝等，靈巧地區分用途。活用地板架高區的下方空間來收放棉被和季節用品，成就了寬敞的客餐廚。靠牆長吧檯從廚房一路延伸至窗邊，強調出了空間的深度，因此就連陽台外的景色都能盡收眼底，營造出了開闊感。

壁掛電視陳設在從地板架高區也能欣賞到的位置。電視的配線藏在牆內，令空間十分清爽。

陽台鋪設木棧板，擺放桌椅，當成戶外客廳來活用。

地板架高區和落地窗之間，規劃了能放腳的空間。如外廊一般，能從家中眺望河景的地方。

翻修動機與購屋關鍵因素

想住在開放格局的住家之中

T氏夫妻希望家裡呈開放式格局，以便感受到家人的動靜。他們受到可以自由建構格局的這點所吸引，而走上了翻修一途。藉由翻修，相同預算所能獲得的空間比例，也相當具有魅力。

想從客餐廚眺望河川

T氏夫妻優先考量前往公司的交通便利度，選擇了位於市區的公寓。另外也考量到資產性，而買下坐落於河邊、有著美麗視野的在地熱門公寓。不過，由於原始格局只有靠河那側的房間有開闊景觀，客餐廚則面對著公共走道，兩人認為有必要用心規劃，好發揮出這個物件的魅力。

data

屋齡	實際坪數	建築結構	施工時長	家庭組成
38年	70.0㎡	SRC結構	2個月	夫妻

有效活用牆面，井井有條的收納規劃

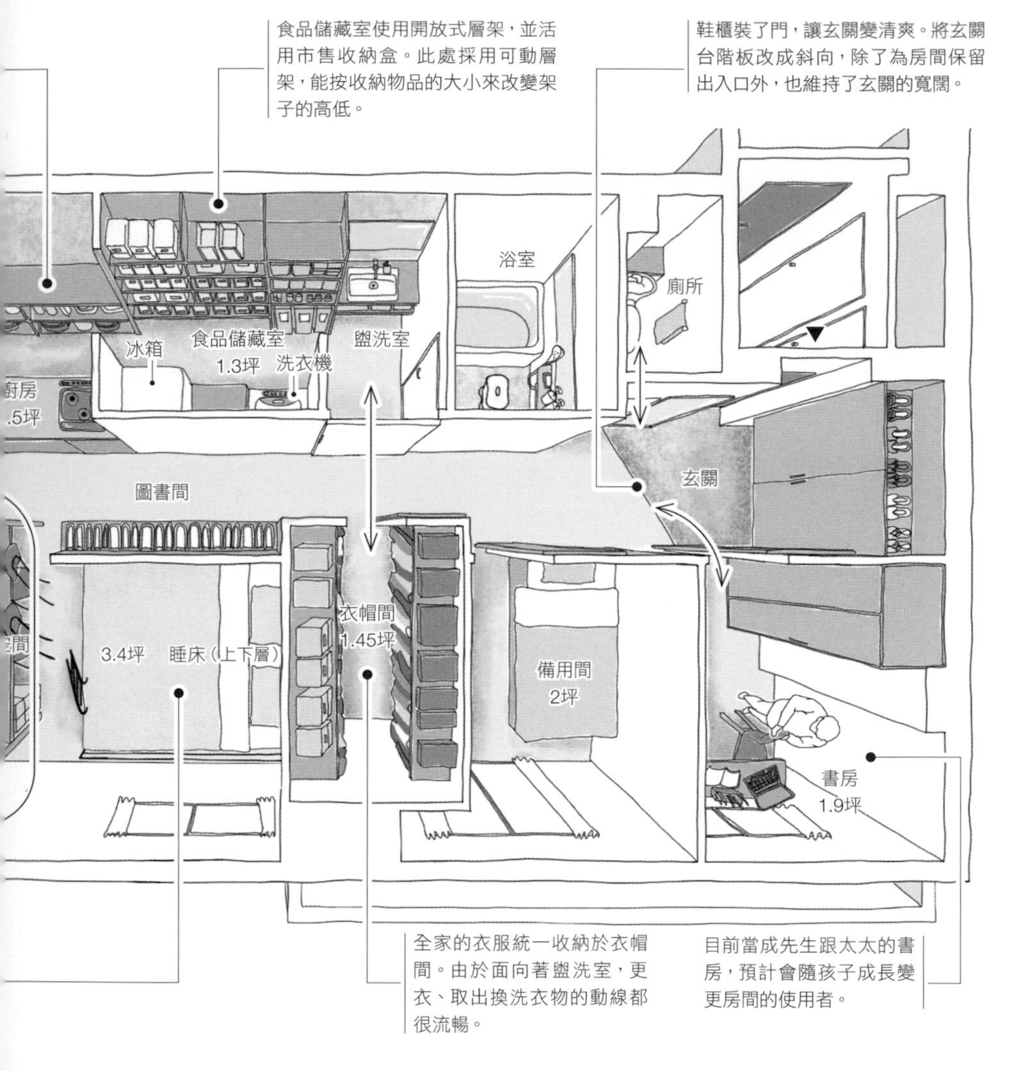

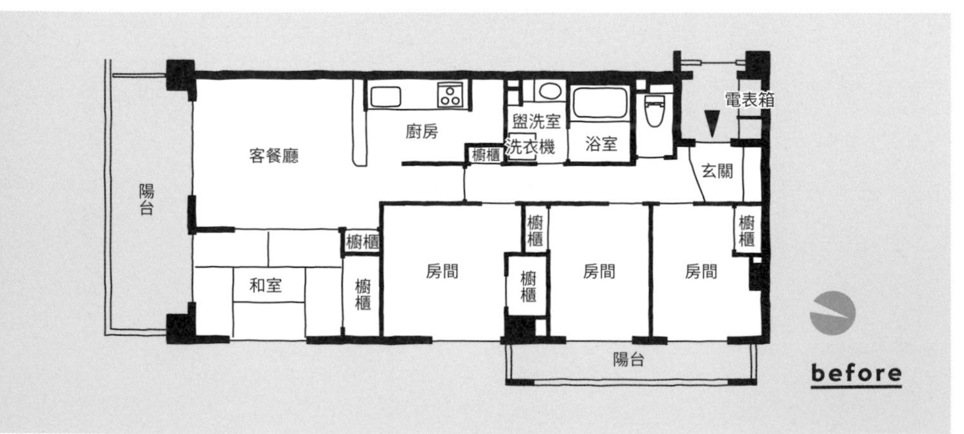

面積
84
m²

Y宅廚房的背牆由洗手台、食品儲藏櫃、吧檯、長椅一路相連，靈活運用了這個物件的長邊方向，在空間中孕育出串聯感。置物層架的架構很簡單，使用市售收納盒來取代抽屜。冰箱和洗衣機也都放進食品儲藏室內。Y氏一家人透過一絲不苟的收納規劃，實現了「充滿嚴選物件的最小空間」這個主題。全家人也很重視交流，從廚房就能看見客廳、餐廳、睡床、圖書室。尤其是擺放了全家書籍的圖書室，更是家人彼此交流的重要場所。在這間住宅裡，家人們自然而然就會產生對話。

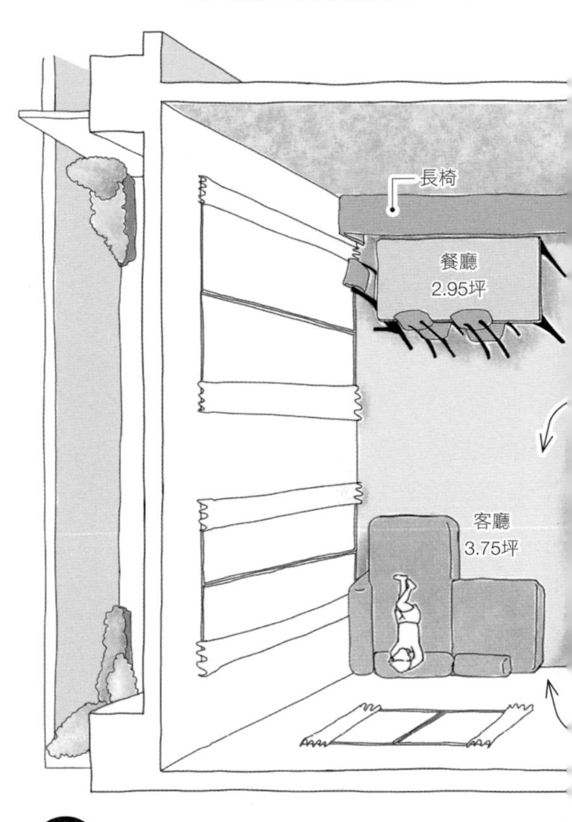

廚房背面的吧檯，下方不做櫃門或抽屜，保持敞開。使用市售層架，改成個人風格的收納櫃。

訂製兩倍單人床尺寸的高架床。下層也擺放床墊，當成全家四人的睡床。

翻修動機與購屋關鍵因素

前往市中心的交通便利性也很重要

太太有個夢想是「要住在自己設計的家裡」。她評估了訂製住宅和翻修中古公寓這兩種途徑，比較兩者所能買到的地點，以及前往市中心的交通方式，最終選擇了翻修中古公寓。

雙面都有陽台的邊間

兩人買下的公寓位於自然豐沛的閑靜地區，離先生的老家很近，因此對當地非常熟悉。這是個明亮的邊間，兩面都有陽台，日照跟通風都很好，成了購屋的關鍵因素。

data

屋齡	實際坪數	建築結構	施工時長	家庭組成
18年	83.75㎡	RC結構	2.5個月	夫妻＋小孩（2名）

衣物愛好者的家：有如裁縫店的開放式衣櫥

面積 80㎡

F氏夫妻希望「睡覺時環境可以變成全黑」，因此打造了封閉方塊狀的寢室。寢室天花板刻意壓低，待在客餐廚時視線也不會受到遮擋，感覺起來很寬敞。

牆面的開放式層架，配合裝庫存品的紙箱尺寸來規劃。設置了夠寬的空間，以便整理庫存和拍攝。

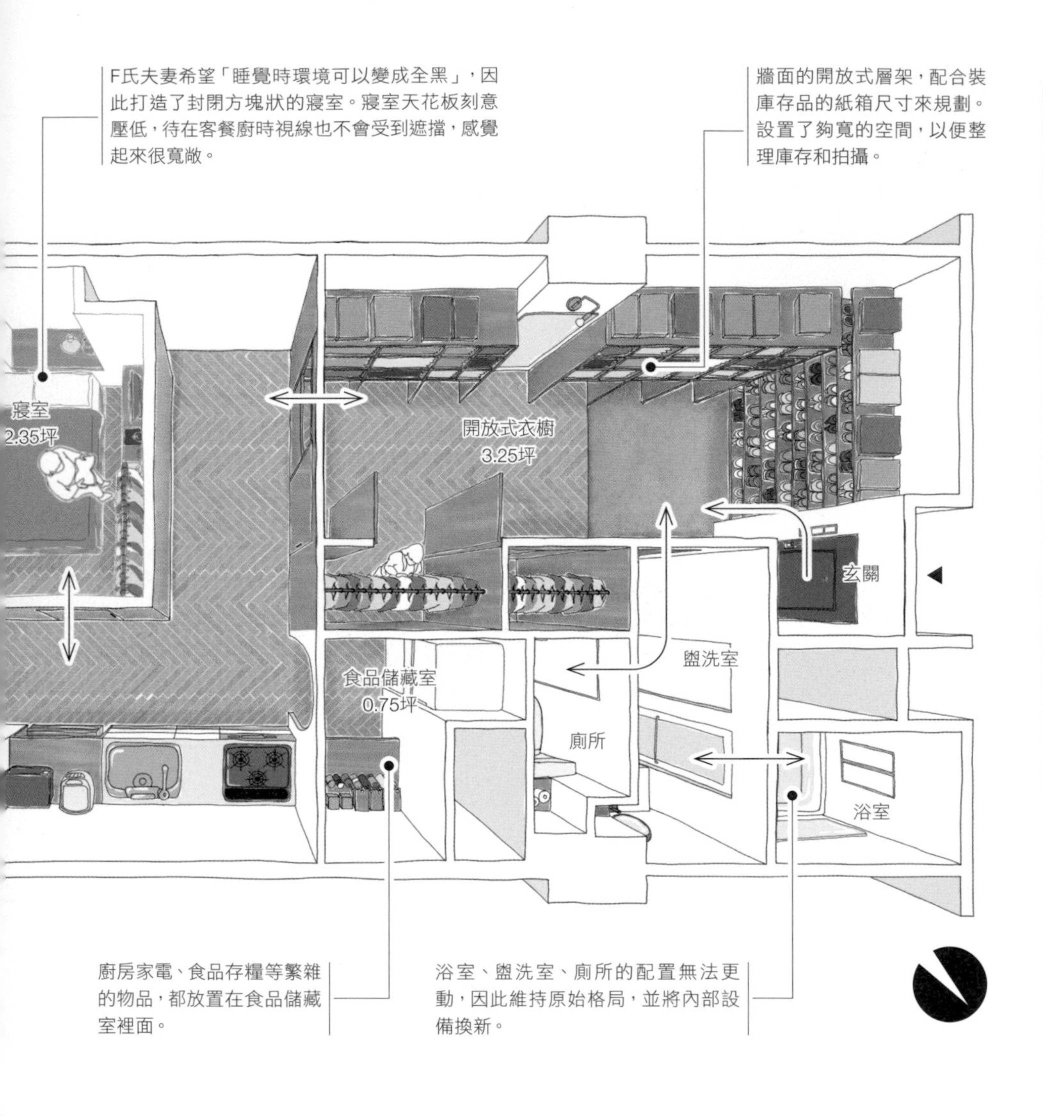

廚房家電、食品存糧等繁雜的物品，都放置在食品儲藏室裡面。

浴室、盥洗室、廁所的配置無法更動，因此維持原始格局，並將內部設備換新。

進入玄關後，立刻就會看見貼成人字紋的木地板，以及用深褐色板材打造出的古典開放式衣櫥，簡直讓人聯想到裁縫店。從事服裝販售業的太太，將這個空間用來收放庫存品項。由於個人衣物可統一收在方塊般的寢室之中，因此此處不會有散發生活感的元素外露，也會用作拍攝商品照的攝影棚。寢室外圍牆面以水泥材質「纖維水泥板」（Fiber Cement Board）的板材打造，營造出不同於開放式衣櫥的氣氛。空間中不會看見雜亂的生活物件，不僅工作時，在休閒時段待起來也會很舒適。

寢室宛如藝術品，為了強調「方塊的存在感」，而在深處內凹部分安裝了照明。利用間接照明來照亮牆面，造就令人印象深刻的空間。

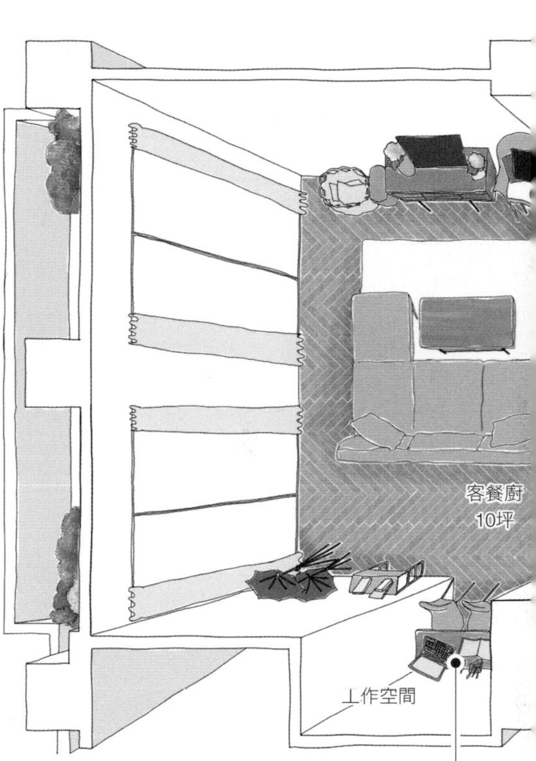

客餐廚
10坪

工作空間

將原本櫥櫃的內凹部分變更成桌子，形成具環繞感、有助於專心的工作空間。

翻修動機與購屋關鍵因素

將空了20多年的房屋全面翻新

F氏夫妻繼承了祖母的公寓。屋內已經二十多年沒住人，保留著當年的裝潢，由於長年沒有用水，設備跟管線皆已明顯劣化。此外格局也不符合F氏夫妻的生活型態，因此決定全面翻修。

足夠寬敞才能兼顧工作和私人生活

物件大小達80㎡，足以規劃收放庫存商品和用來攝影的位置。也沒有不能打掉的牆，是個易於翻修的空間。

衛生設備的位置保持原樣

公寓管理條約規定不可移動衛生設備。因此廁所、洗手台、浴室的位置不變，只更新設備跟裝潢。

data

屋齡	實際坪數	建築結構	施工時長	家庭組成
42年	80.0㎡	SRC結構	2個月	夫妻

直通停車場的多功能空間：用來收放「戶外用品」

面積 79㎡

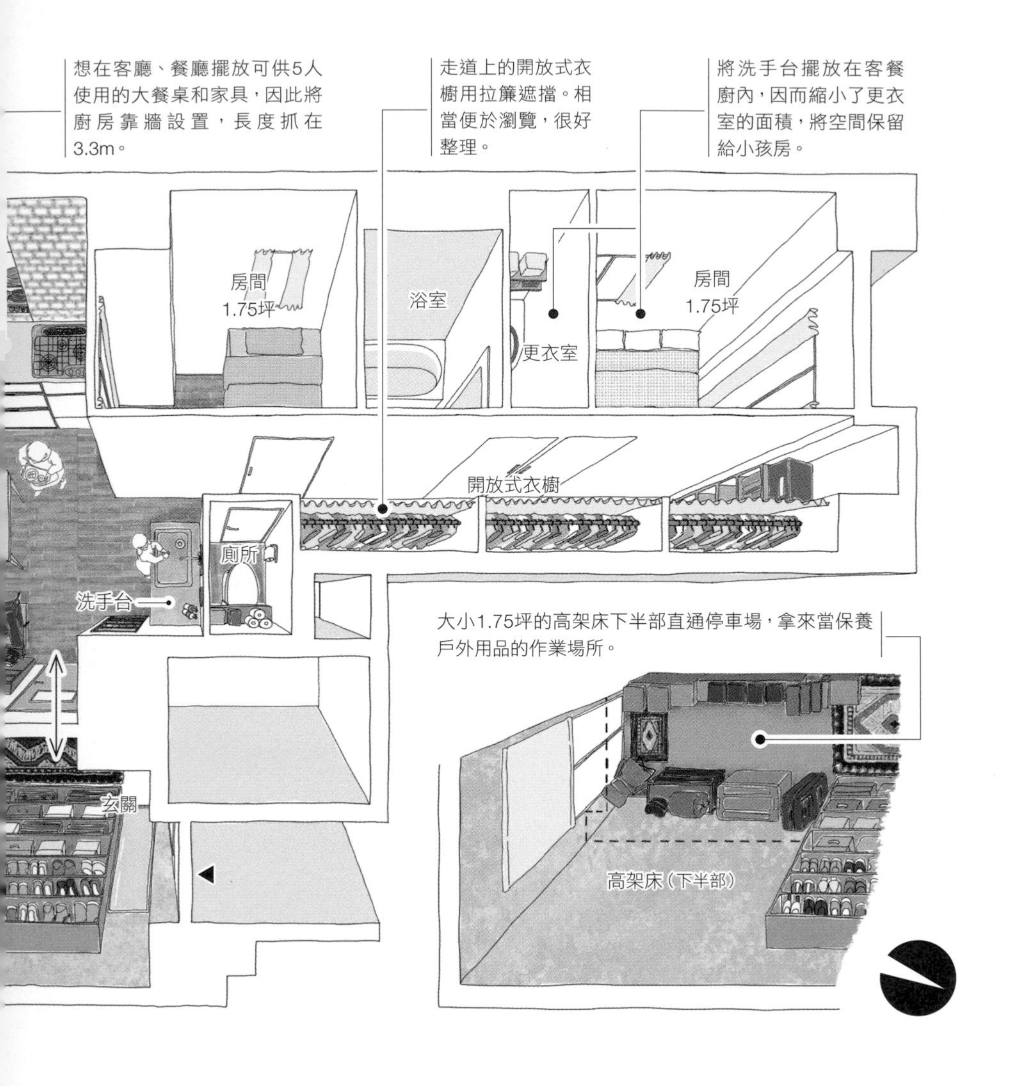

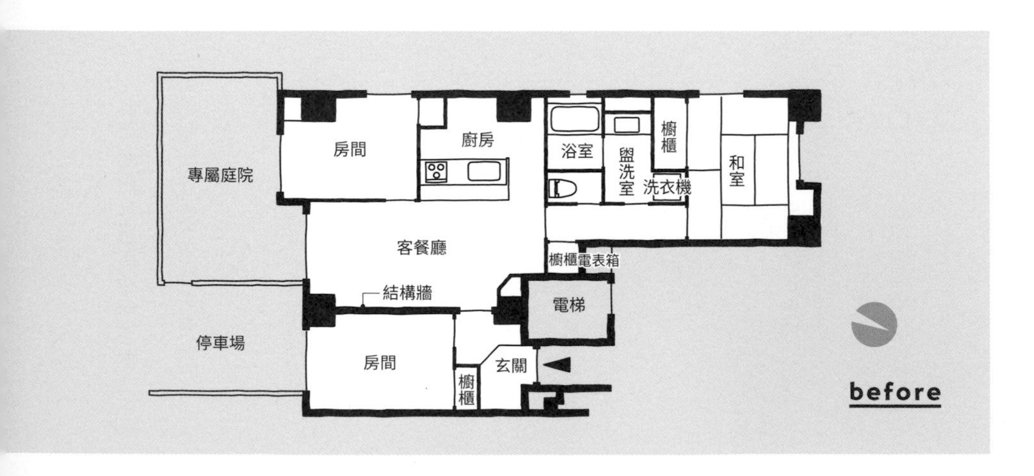

H宅是附專屬庭院和停車場的一樓物件。在營造住家時，兩人希望能夠擺放跟興趣相關的戶外用品，並且擁有三個房間。收放戶外用品的儲藏室，規劃在跟停車場相連的位置，以便從車上拿取或放置物品。高架床的上方原本規劃成睡床，目前則用來擺飾喜愛的物品。兩個房間是迷你尺寸，將走道做成長約5.5公尺的開放式衣櫥，收納全家五人份的衣物。由於鄰近更衣室，穿脫都很方便，要收放洗好的衣物時，同樣在一個地點就能做完。遼闊的客餐廚統一使用橡木材質的地板和家具。空間中裝飾著許多植物而顯得溫潤，讓全家人能開心同聚。

翻修動機與購屋關鍵因素

挑房子時優先考量學區和通勤條件

H氏一家人喜歡戶外活動，擁有汽車。最初曾想尋覓獨棟房屋，但考量到孩子的學區，以及前往兩夫妻公司的便利程度，而將期望地區改至市中心。然而，在市中心要找獨棟住宅相當困難，因此轉換了方向，選擇翻修公寓。

擁有停車場和專屬庭院的一樓住家

H氏一家以停車場和專屬庭院為條件來尋覓房屋，最終找到了這個物件。此處雖然符合必要條件，格局卻不符合生活型態，裝潢也讓人不甚中意，希望能夠翻新。這棟L型屋舍有著不能打掉的結構牆，該如何獲得必要的收納容量和足夠寬闊的客餐廚，成了應解決的問題。

data

屋齡	實際坪數	建築結構	施工時長	家庭組成
23年	79.44m²	RC結構	2個月	夫妻＋小孩（3名）

COLUMN 2

中古公寓的
挑選要點

中古公寓的優點是物件選項較新屋多，
但也容易因此不知該如何做決定。
如果能先知道尋覓適合翻修的物件有哪些訣竅，就不必擔心碰到這種情況了。

point 1

想像入住後的生活
擬定「位置條件」

「想住在什麼樣的區域」、「想過怎樣的生活」，明確分析這些在新生活中需要重視的項目，並列出條件。另外，各地方政府所公布的各地區避難地圖，亦是選擇屋址的一大重點，建議好好活用。

point 2

「耐震度」的指標
除了屋齡還有別的

日本公寓的耐震度，可以參考日本在1981年所施行的新耐震標準。不過，就算是在那之前落成的建築物，只要有取得「耐震基準適合證明書」，也算是符合新式耐震標準。除此之外，管理狀態、建築物的結構形式、修繕歷程等應考量的要點，將會依各物件而異，因此不應只靠屋齡做判斷，請專家陪同鑑定更是重要。

point 3

確認公寓的
「健康狀態」

建議可向不動產公司取得公寓所具備的「建物營繕紀錄、實施紀錄」和「長期修繕計畫、公積金計畫」。建築物是否受到適當的維護與管理，可供判斷是否能夠長期住得安心。

建議！

購買中古公寓，靠速度決勝負

中古公寓的買賣速度相當快，「還在考慮就被買走」的情況更是屢見不鮮。為求能迅速地決定意向，就必須事先整理出希望物件所具備的條件，並排出優先順序。

point 4

中古公寓的「資產性」

有個說法是，新建公寓「在打開門的瞬間，資產價值就會下降20%」。其後再過5年、10年，資產價值都會繼續變差，直到過了20年左右，價值才會穩定下來，30年過後則幾乎不變。相對於此，中古公寓在買下之後，資產價值的縮減程度則是相當少，因此若未來打算脫手，買價和賣價的差額可以壓得比較低。

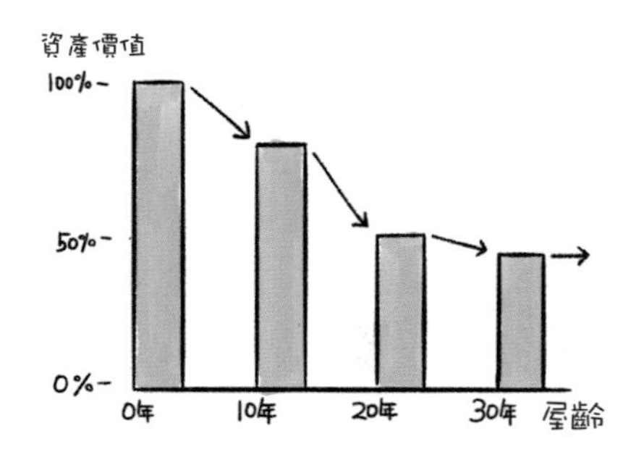

point 5

應避開「無法達成」理想格局的物件

有些公寓會在管理條約中指定可使用的地板材質，即使「想使用天然木材」，碰到這類物件也可能無法辦到。另外，採用壁式結構的建築物，室內經常會有不能破壞的結構牆，因此並不適合打掉做成大型單間。在確定購買之前，建議要先確認好物件是否齊備實現理想空間的條件。

point 6

入內看屋時要重視「不能改變」的部分

入內看屋時，記得留意從屋內看出去的視野、日照、通風、聲音環境等「無法透過翻修改造的部分」。建議試著在白天和夜晚、晴天和陰天等不同情況下多次造訪。除此之外，「公告欄、腳踏車停車場等公共設施是否管理得當」、「住戶和社區的氣氛」等也很重要。記得別把注意力全都放在裝潢、設備等可透過翻修變更的因素上頭。

讓孩子們渴望・從・事・各種活動的家

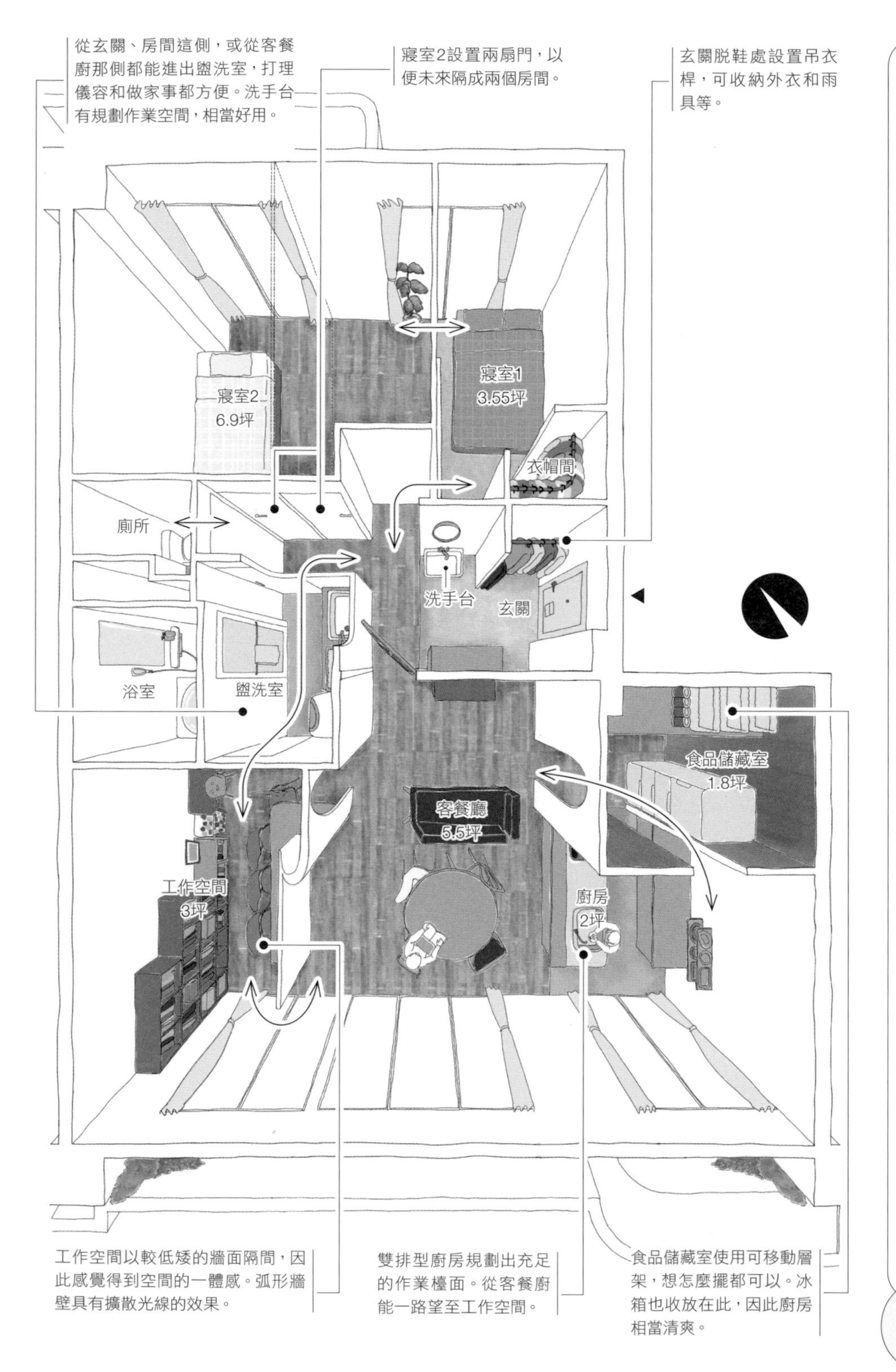

從玄關、房間這側，或從客餐廚那側都能進出盥洗室，打理儀容和做家事都方便。洗手台有規劃作業空間，相當好用。
寢室2設置兩扇門，以便未來隔成兩個房間。
玄關脱鞋處設置吊衣桿，可收納外衣和雨具等。
寢室2
6.9坪
寢室1
3.55坪
衣帽間
廁所
洗手台
玄關
浴室
盥洗室
食品儲藏室
1.8坪
客餐廳
5.5坪
工作空間
3坪
廚房
2坪
工作空間以較低矮的牆面隔間，因此感覺得到空間的一體感。弧形牆壁具有擴散光線的效果。
雙排型廚房規劃出充足的作業檯面。從客餐廚能一路望至工作空間。
食品儲藏室使用可移動層架，想怎麼擺都可以。冰箱也收放在此，因此廚房相當清爽。

面積
85
㎡

Ｓ氏一家人的翻修主題是「讓大家都能渴望『從事各種活動』的空間」。而象徵著這一點的，就是位於客餐廚角落的工作空間。在這個地方，每位家人都能隨心所欲地從事閱讀、遊戲、念書、打造物品等各自喜愛的活動。此處跟客廳有著一體感，但就算擺放著玩具，也不會造成困擾。廚房因應太太的願望打造成雙排型，在烹飪期間也能顧到小孩。廚房作業檯的外圍可以繞行，很方便數人一同作業，據說跟孩子一起煮菜的機會也變多了。

此外玄關備有洗手台，就算孩子們玩得一身泥回來也不怕。這是一間能為家人孕育出創造力的良好住宅。

翻修動機與購屋關鍵因素

想生活在集合住宅的社群裡頭

「想在當地的社群環境中，跟各種世代的人互動，一邊將小孩養大」，Ｓ氏一家人出於這番想法，渴望住在集合住宅社區裡頭。在格局方面也有其憧憬，希望「住處中有著每位家人所喜愛的空間，並且能與彼此交流」，因此從最初就打算以翻修為前提來打造住家。

光線和風會進入的大面寬住宅

Ｓ氏一家所選擇的集合住宅社區，是個綠意充沛的靜謐環境，符合日本的新耐震標準，成了購屋的關鍵因素。兩面都有陽台，通風佳，擁有寬大窗戶的大面寬，方便自由地打造空間，這點也完美符合Ｓ氏一家人的願望。

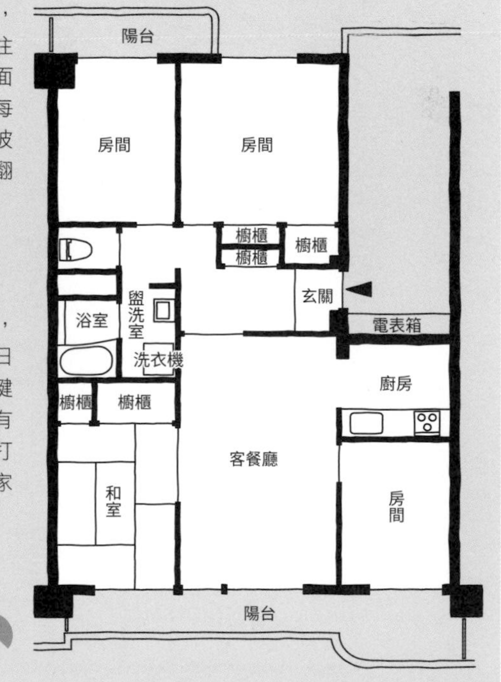

before

data				
屋齡	實際坪數	建築結構	施工時長	家庭組成
37年	84.78㎡	SRC結構	2個月	夫妻＋小孩（2名）

起居間跟收納分開，人貓都快活的家

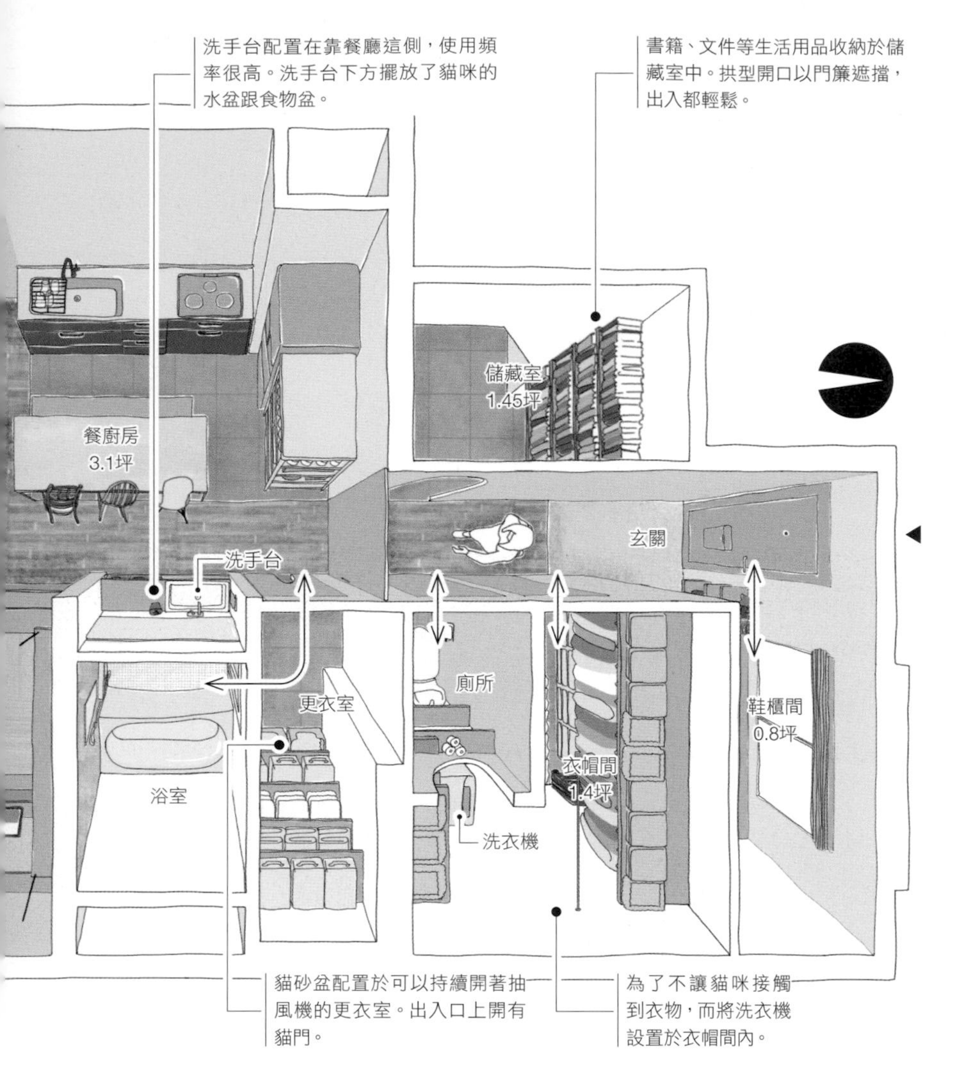

面積
61
m²

M氏與伙伴跟兩隻貓咪住在一塊。他們將集合住宅社區的其中一戶翻修成住家，室內格局以用水區為界，客餐廚、睡床和工作空間都靠陽台，鞋櫃間、衣帽間、儲藏室等收納則統一靠玄關。客餐廚的入口設置拉門，透過限制，讓貓咪無法進出玄關那側。將收納從起居空間完全分離出來，除了不必擔心貓咪把書本、衣物拿來玩耍，也一併實現了M氏所期望的「沒有紛亂生活感的寬闊客餐廚」。工作空間跟睡床上方打造貓走道，並做成循環動線，運用巧思，讓兩隻貓咪都能愜意度日。這是人貓都能開心過活的空間。

以地板架高區當睡床，並將寢具收進地板下方，因而有了寬敞的客廳可供使用，亦可防止貓咪調皮玩耍。
客廳
4坪
工作空間
1.55坪
地板
(睡
2
貓走道跟固定式桌面採同套設計，相當時髦。

翻修動機與購屋關鍵因素

比較租屋和自有住宅的優點

M氏表示，自己向來對能展現舊建築韻味的中古公寓翻修很有興趣。也因考量到房屋貸款減稅、資產性等自有住宅的優點，而開始研討購買自己的家。

屋齡超過50年符合新耐震標準的集合住宅社區

他們在家鄉地區，買下了屋齡超過50年的集合住宅。該物件已證明符合新耐震標準，緩解了他們對老屋的憂慮，而決定買下。雖然壁式結構有著不可破壞的結構牆，但也能拿來活用，設計成隔開收納和房間的格局。

data				
屋齡	實際坪數	建築結構	施工時長	家庭組成
55年	60.59㎡	RC結構	2個月	情侶＋貓（2隻）

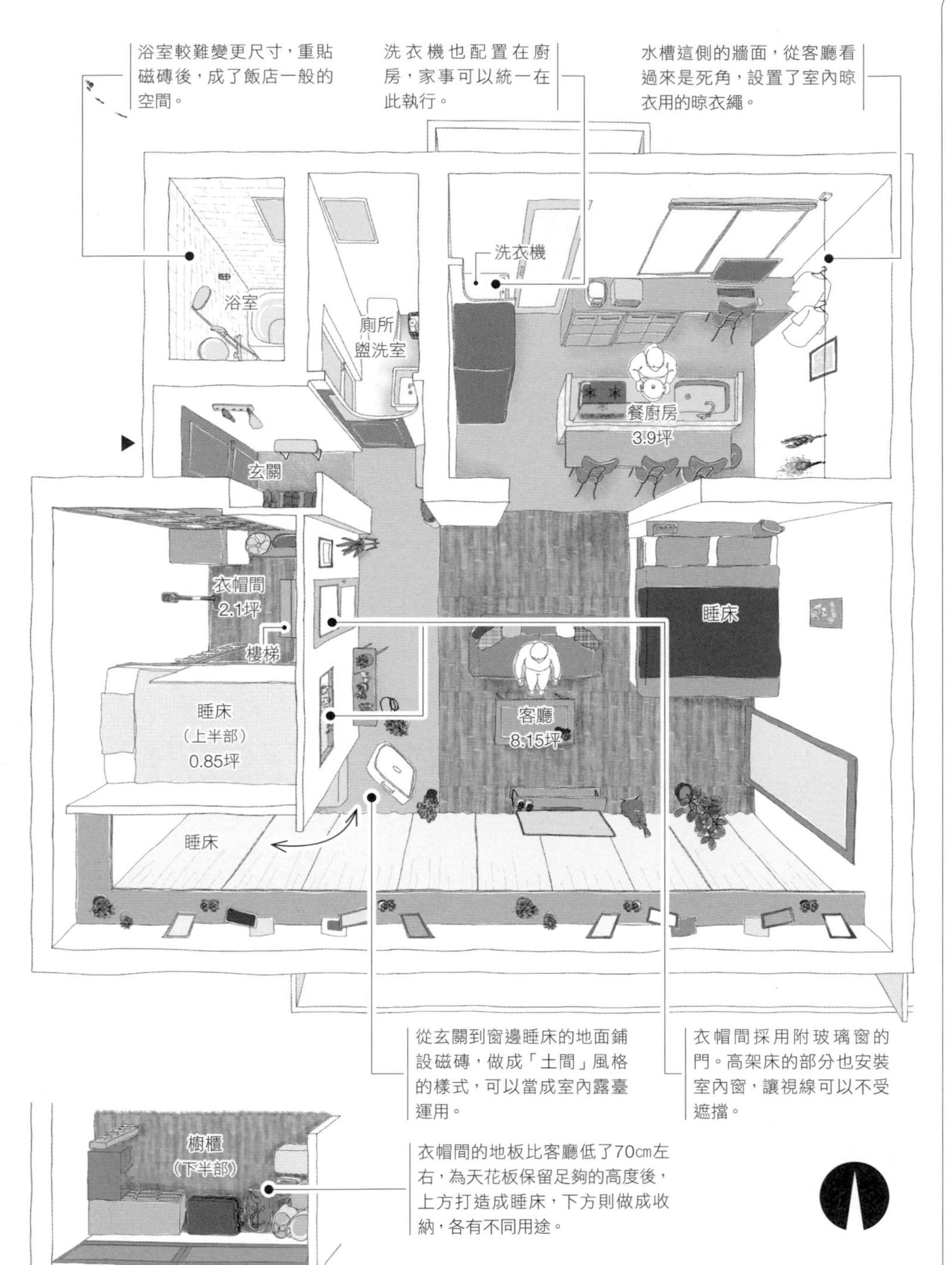

見證孩子獨立的四口家庭單間

面積
54
㎡

F氏夫妻跟兩個孩子同住，他們將54㎡的小巧空間大膽地翻修成了單間。夫妻的睡床設置在客廳角落的地板架高區，孩子們的睡床則分設在衣帽間內所打造的架高型空間，以及衣帽間旁靠窗的位置。窗邊的睡床，是預想到剛出社會的長女近期將會獨立離家所得出的俐落方案。只要將床拿掉，該處就會瞬間變成客廳的一部分。餐廚房同樣也將有限空間做了極致運用，是能供全家四人齊聚一堂的地方。他們試著不擺餐桌，在吧檯上享用餐點。這間獨一無二的住處，實現了一家四口和睦共住的絕妙距離感。

翻修動機與購屋關鍵因素

從結婚時就心心念念想翻修房屋

F氏夫妻從二十幾歲開始，就對翻修中古公寓抱有興趣。當時住宅貸款並不能借工程款，無奈之下只得放棄這番計畫。如今他們得知貸款可以同時貸到購屋費跟工程費，終於得以在跨越四十歲大關時實現翻修宿願。

附庭院的一樓住宅住起來就像平房

這個集合住宅社區跟隔壁的棟距夠寬，且綠意豐沛、社群氣氛舒適，令他們相當中意，決定買下。他們希望住起來能有平房的感覺，而選擇了附庭院的一樓住宅。

before

data

屋齡	實際坪數	建築結構	施工時長	家庭組成
52年	54.1㎡	RC結構	2個月	夫妻＋小孩（2名）

讓育兒生活顯得時髦的居家設計

盥洗室旁就是衣帽間，進出更衣相當流暢。

玄關空間充足，擺放嬰兒車時就算不折疊，也不會影響到穿脫鞋子。

多虧有了玻璃窗，小孩房非常明亮。

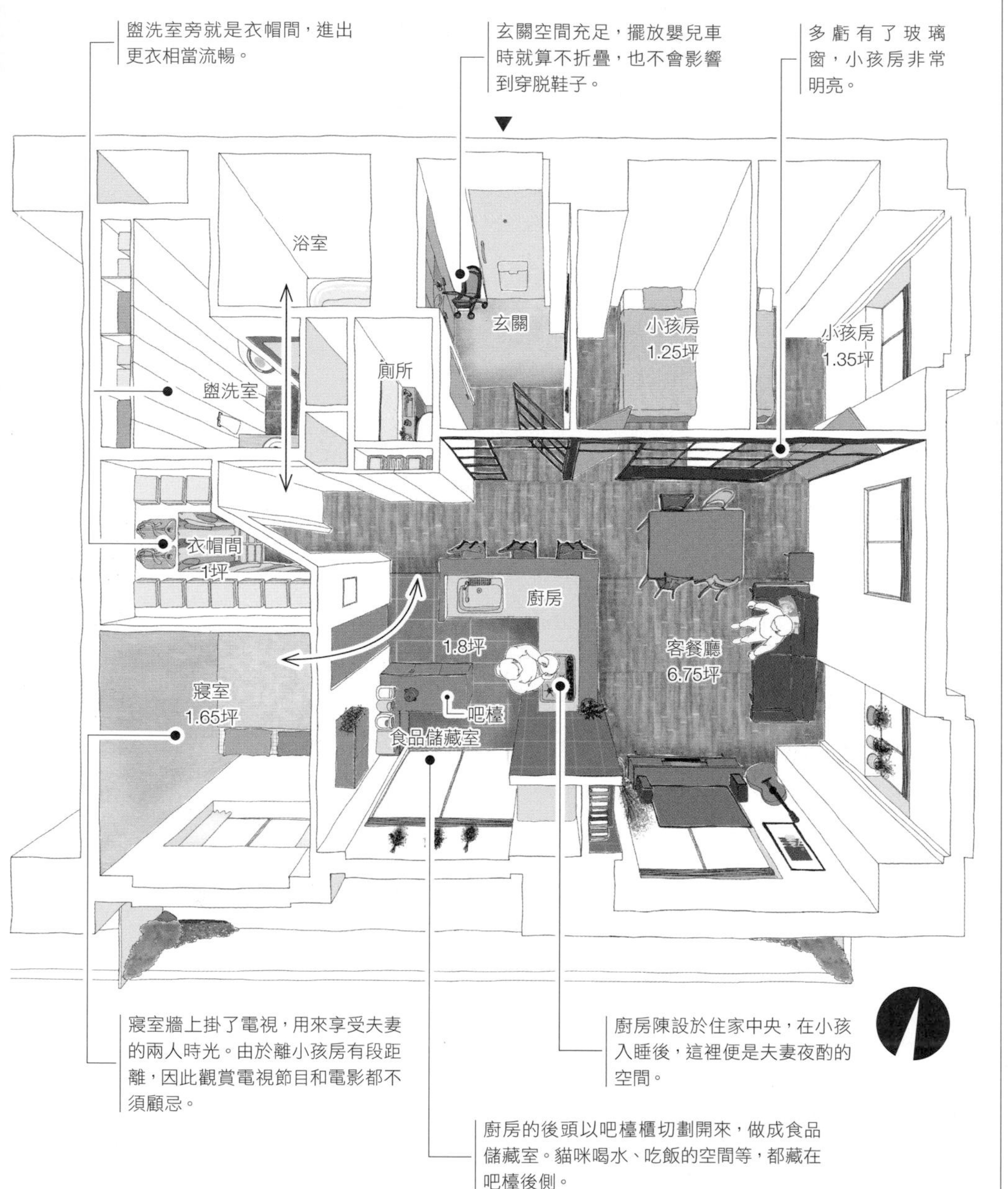

寢室牆上掛了電視，用來享受夫妻的兩人時光。由於離小孩房有段距離，因此觀賞電視節目和電影都不須顧忌。

廚房陳設於住家中央，在小孩入睡後，這裡便是夫妻夜酌的空間。

廚房的後頭以吧檯櫃切劃開來，做成食品儲藏室。貓咪喝水、吃飯的空間等，都藏在吧檯後側。

面積
72
㎡

B氏夫妻跟兩名小孩及貓咪共住，他們投入居家設計時所選的主題，是「積極呈現生活感的空間」。整體空間的內部裝潢採用暗色調木地板，以及黑色磁磚牆面。他們刻意限制了裝潢材質的顏色數量，目的是讓孩子的物品成為點綴空間的色彩。小孩房面客廳的牆壁，在半腰高度加上玻璃格窗。除了可以察看孩子的狀況，由於可以遮住床面，從客餐廚這側看過去也很整潔。L型廚房可將家中盡收眼底，此外因安排得離衣帽間和盥洗室很近，做起家事效率極佳。這間住宅告訴了我們，「時尚生活」和「歡樂育兒生活」是可以同時達成的。

翻修動機與購屋關鍵因素

希望自宅的地點方便回老家

20幾歲的B氏夫妻都在上班，由於希望能方便請爸媽協助照顧小孩，而想在雙方老家中間的地區購入自宅。最初也曾考慮過租屋或蓋獨棟住宅，但將期望地區、預算、裝潢自由度等因素都加入考量後，認定翻修中古公寓才是最佳選擇。

窗戶大、採光佳的住宅

這個位置、大小、價格都完美的物件，是符合新耐震標準的方正格局。住宅形狀接近正方形，雙面採光，感覺起來比實際面積還要寬敞。B氏曾事先模擬過從此處接送小孩到保育園的過程，才決定買下。

before

data

屋齡	實際坪數	建築結構	施工時長	家庭組成
19年	72.41㎡	RC結構	3個月	夫妻+小孩（2名）+貓

串起家人動線與活動位置的家

收放棉被用的壁櫥，從小孩房、地板架高區這兩側都可以收放和拿取。

鞋櫃間成了跟公共走道之間的緩衝，讓小孩房能保有隱私。

遼闊的玄關脫鞋處有鞋櫃間，就連大人的腳踏車都擺得下。

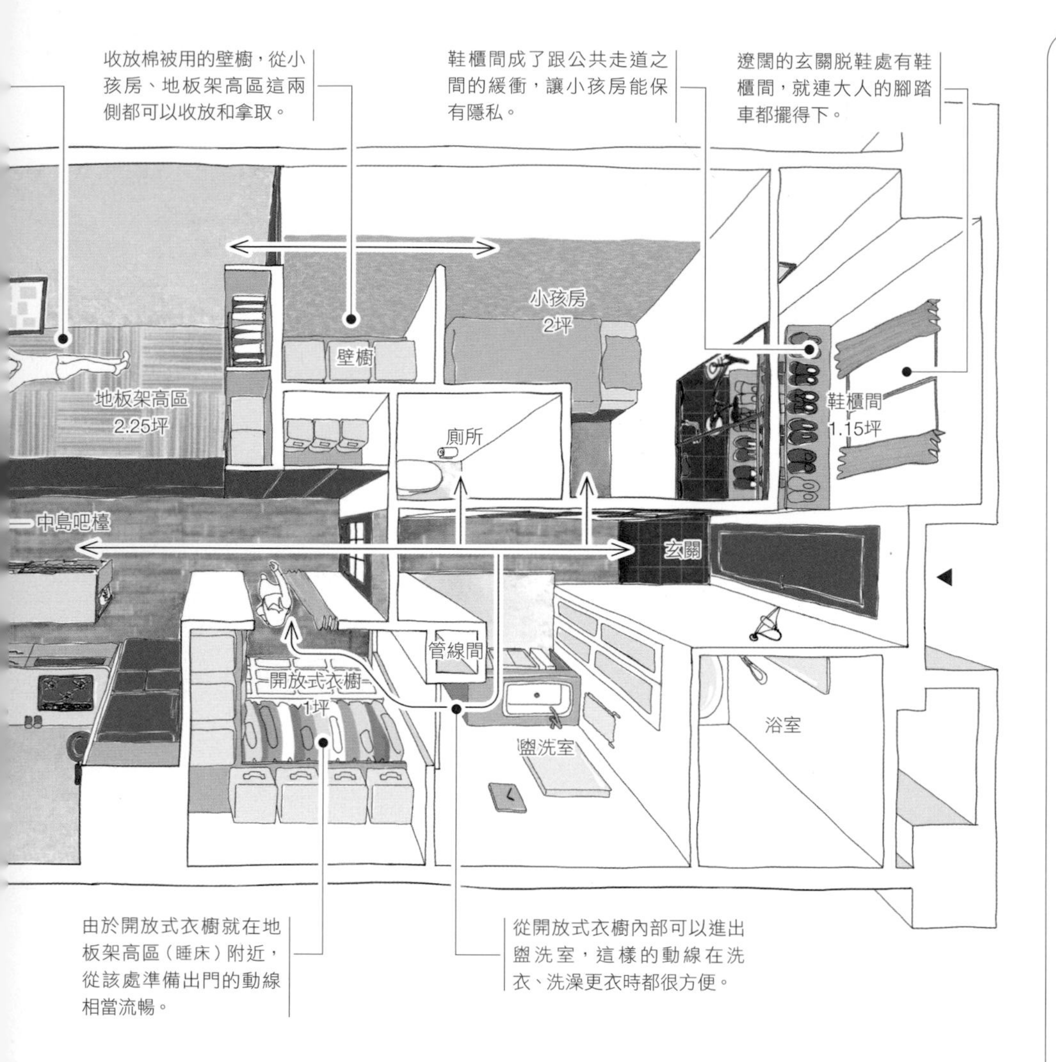

由於開放式衣櫥就在地板架高區（睡床）附近，從該處準備出門的動線相當流暢。

從開放式衣櫥內部可以進出盥洗室，這樣的動線在洗衣、洗澡更衣時都很方便。

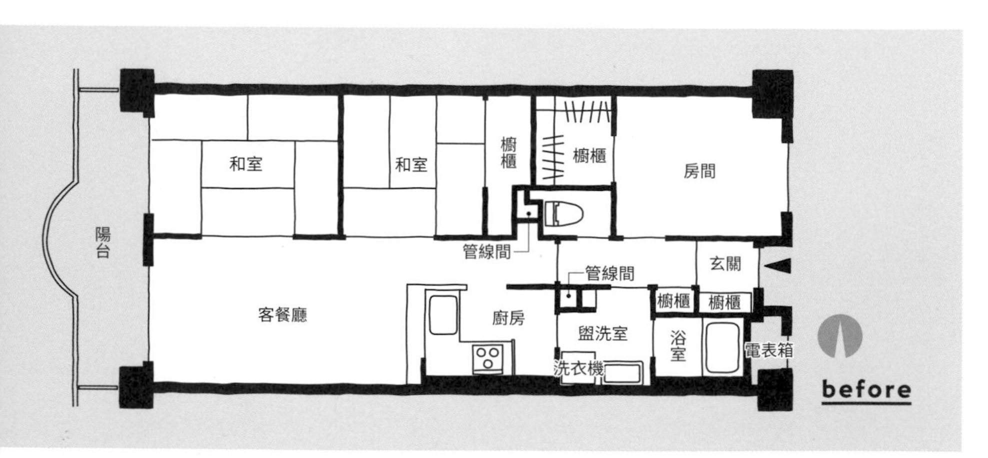

面積 67 ㎡

O氏一家人住宅的中央處，有著一個位於客餐廚內、鋪有榻榻米的地板架高區，在白天是孩子的遊樂場，晚上則成為家人的睡床。牆面的層架收放著孩子的用品和繪本。烹飪用的中島吧檯，串聯起了地板架高區、客廳、廚房這三個空間。吧檯配置於客餐廚中心，促進了先生和孩子協助烹飪的機會。寬闊的玄關脫鞋處，拿來擺嬰兒車綽綽有餘；方便一回家就馬上洗手的盥洗室，也為忙於育兒的每一天幫上大忙。盥洗室跟開放式衣櫥亦彼此相連，洗衣服的作業效率跟著變好了。這番格局，讓生活中洋溢著更加豐富的親子時光。

翻修動機與購屋關鍵因素

跟家人共度的古董空間

O氏夫妻熱愛古董家具等舊物，因此新建公寓的裝潢並不符合所好。他們希望家中格局能讓家人在同個空間裡悠哉共處，並希望裝潢符合自身偏好，而選擇翻修中古公寓。

重視育兒環境而前往郊外

O氏夫妻將目標鎖定在有新路線開通、變得更方便前往市中心的郊外街區。以可養寵物，能跟貓共住為條件來篩選候選物件，最後決定買下符合新耐震標準的集合住宅型物件。

data

屋齡	實際坪數	建築結構	施工時長	家庭組成
31年	67.0m²	RC結構	2個月	夫妻＋小孩（1名）

在「立體房間」中，獨處時光和家庭時光都愜意

隔開寢室的牆壁兼作電視櫃，一旁則是擺飲水機的地方。東西各有固定的擺放位置，讓客廳變得很整潔。

將洗衣機從盥洗室獨立出來，配置於走道上。由於就位在衣帽間隔壁，更衣完畢就可以拿去洗。

衣帽間收放眾人的衣物，每位家人各有放東西的固定位置。

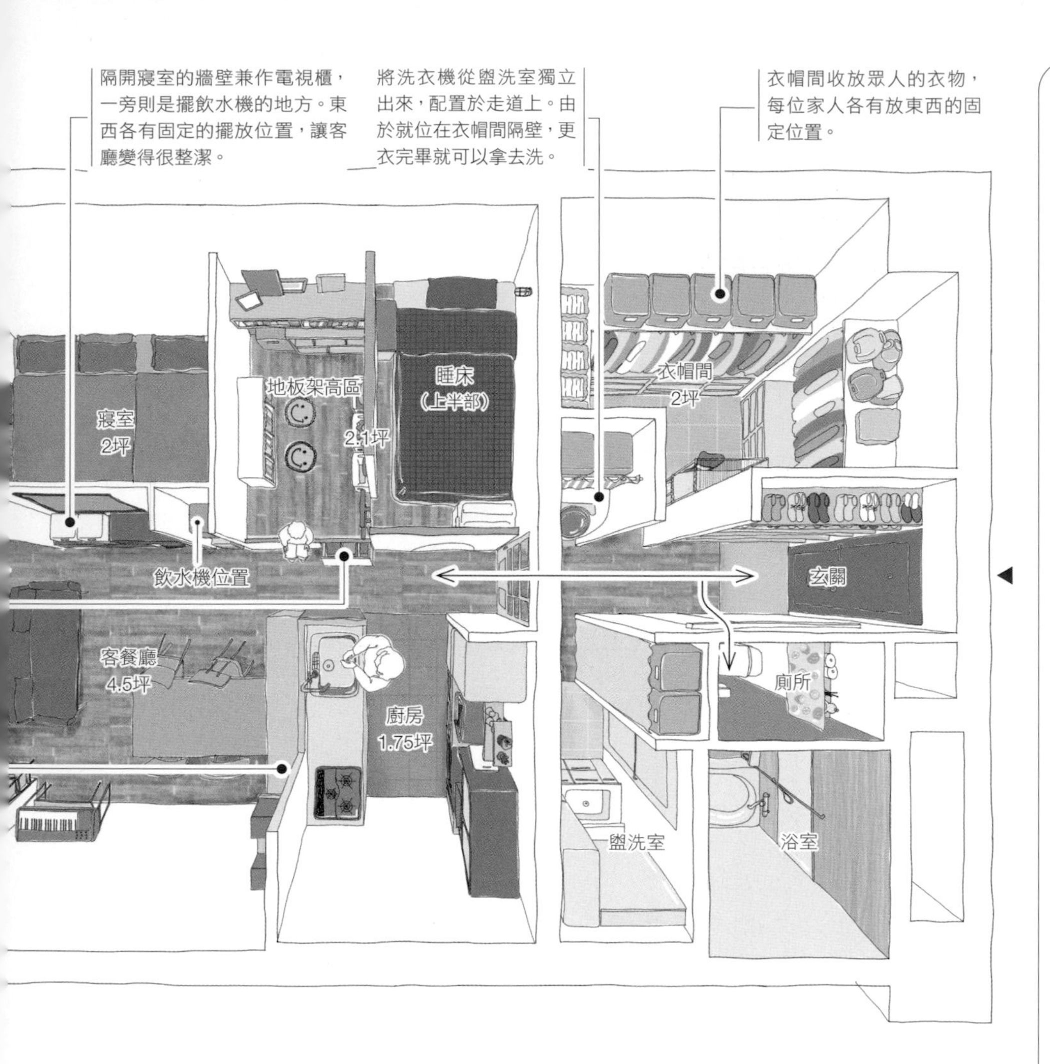

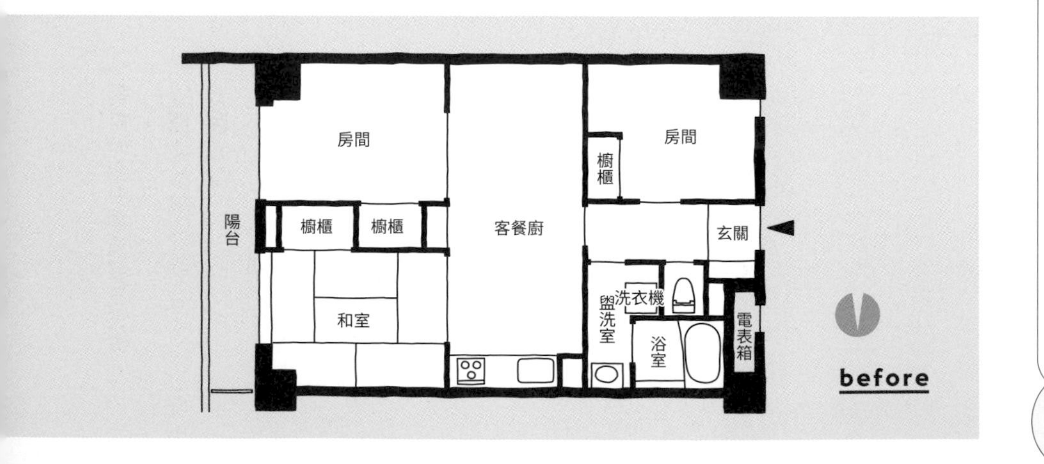

面積
60
m²

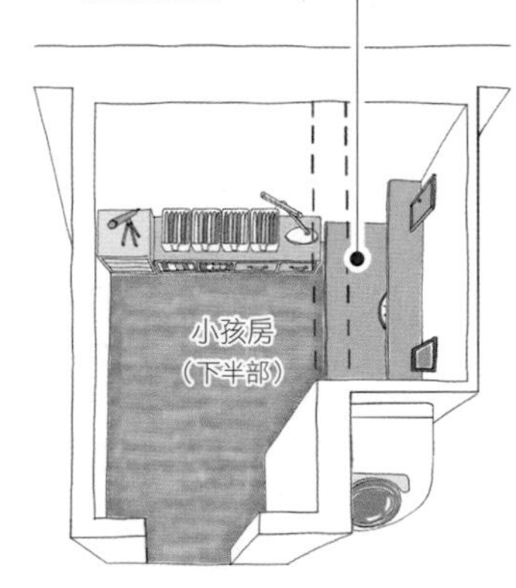

架高地板的下方在廚房側打造抽屜，可隨手將玩具、在客廳會用到的東西收入，相當方便。

雙排型廚房在餐廳側打造層架，收納書籍、印表機等全家都會用到的物品。

N氏一家是由夫妻加上兩個男孩子的四人家庭。為了在60㎡的住處內保有兩個小孩的房間及全家都能愜意放鬆的客廳，而想出了一個點子，在廚房側面打造地板架高區＋在小孩房打造高架床。地板架高區目前是次男的遊樂場，床鋪（睡床）下方是長男的房間，床則由先生使用。未來預計會將地板架高區跟先生的床改成小孩的睡床，床鋪下方則當成念書的房間。家中每個空間的設計都是不以門窗完全隔開，好讓家人的動靜和聲音能夠傳出。全家人的衣物統一收放在衣帽間，因此客餐廚也就不會凌亂。這番居家營造兼顧了一人時光，以及和家人共度的時光。

翻修動機與購屋關鍵因素

從獨棟住宅改住公寓

N氏一家人曾經住過獨棟住宅，雖然足夠寬敞，孩子們卻經常都待在客廳，未能有效使用小孩房。基於這樣的經驗，他們在翻修新居時將主旨訂為「改善客廳跟房間之間的距離感」。

連收納空間都極致規劃活用空間裡的所有角落

他們將親戚出讓的這間公寓拿來翻修。最初曾考慮簡易改造就好，但基於「60㎡要住一家四口」、「原有門窗對身高較高的先生而言太過低矮」等原因，決定全面翻修。在太太的要求下，也委託了收納整理師協助規劃收納。

data				
屋齡	實際坪數	建築結構	施工時長	家庭組成
32年	60.0㎡	RC結構	2.5個月	夫妻＋小孩（2名）

愛護植物和貓咪的療癒客廳

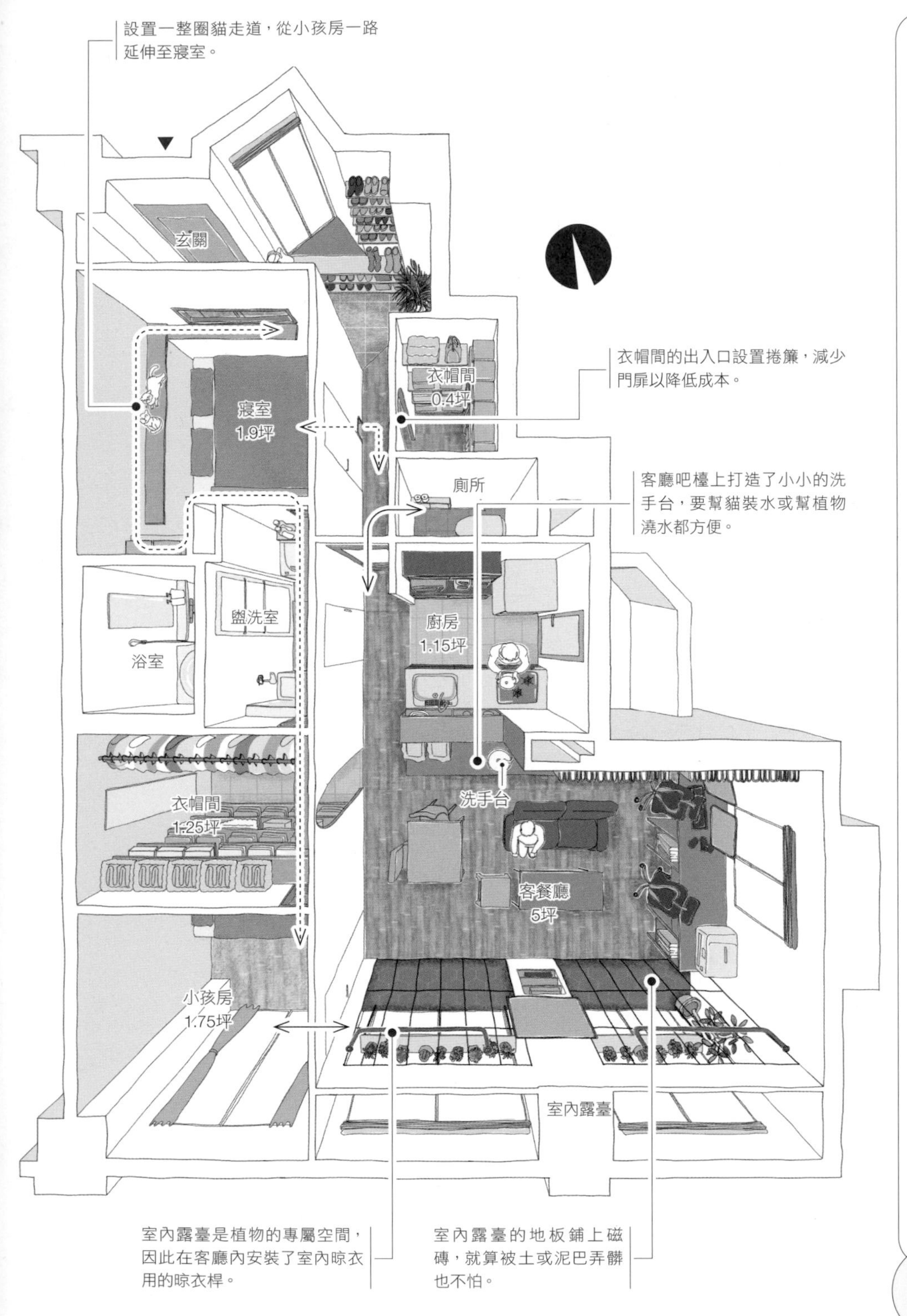

面積
70
m²

S氏夫妻的興趣是種多肉植物，窗邊以玻璃格狀拉門切隔，打造出如溫室一般的室內露臺，當成培育植物的空間。植物一字排開的景貌，令客廳增色許多。室內露臺之所以加上拉門，目的是防止同住的兩隻貓咪對植物惡作劇或誤食。

另一方面，各個房間的牆上都設置了貓門，並打造了從小孩房→衣帽間→盥洗室→寢室一路延續的貓走道，下足了工夫，讓貓咪能在家中各處自由活動。客廳的牆面上也安裝了兼作書架的貓走道，在桌邊工作時，可以一邊看顧著貓咪們的動靜。據說夫妻倆總是眺望著喜愛的植物，與愛貓共度心神放鬆的時光。

翻修動機與購屋關鍵因素

因居家工作的契機 重新審視住處

S氏夫妻翻修了原本居住的公寓。現在夫妻倆基本上都改為居家工作，會需要舒適的工作空間，另外由於興趣是培育植物，希望能營造種植所需的空間，因而決定全面翻修。兩人亦考量到愛貓的健康，參考了建築雜誌裡「跟貓咪共住的家特輯」來安排格局。

翻修時 想發揮邊間的優良採光

S氏夫妻的興趣是培養植物。兩人所住的物件，是附有專屬庭院的一樓邊間住宅，窗戶多、日照良好，是讓他們很滿意的一點。

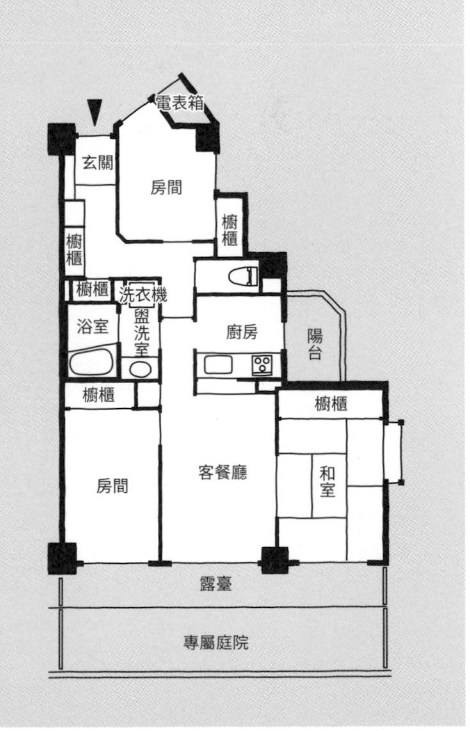

before

data

屋齡	實際坪數	建築結構	施工時長	家庭組成
25年	70.13㎡	RC結構	2.5個月	夫妻＋貓（2隻）

以多功能空間串連家人的住宅

面積 90㎡

考量到家事效率，將高頻率使用的洗衣機配置在鄰近廚房的專用空間。

在第二個小孩長大後，預計會將多功能空間改成房間。這是能擺放床鋪跟小書桌的最小面積。

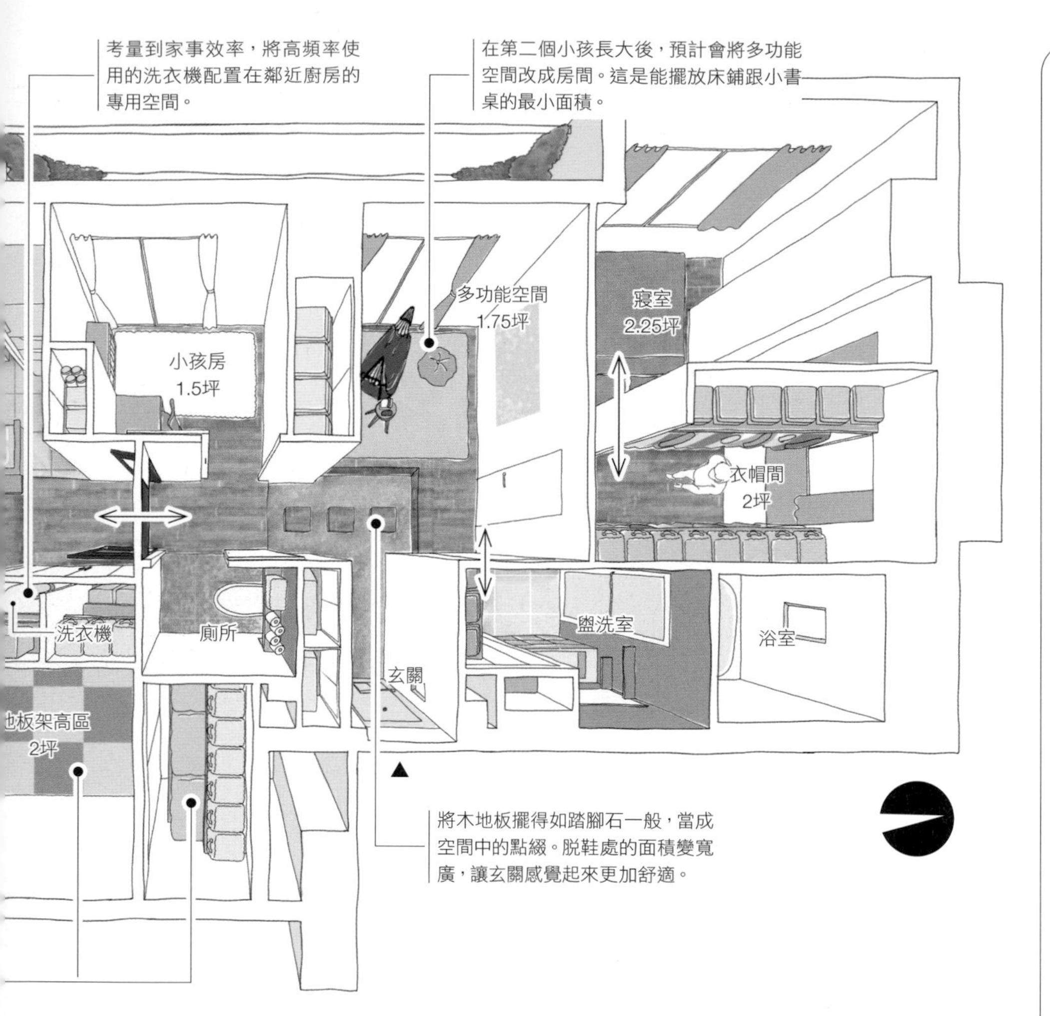

將木地板擺得如踏腳石一般，當成空間中的點綴。脫鞋處的面積變寬廣，讓玄關感覺起來更加舒適。

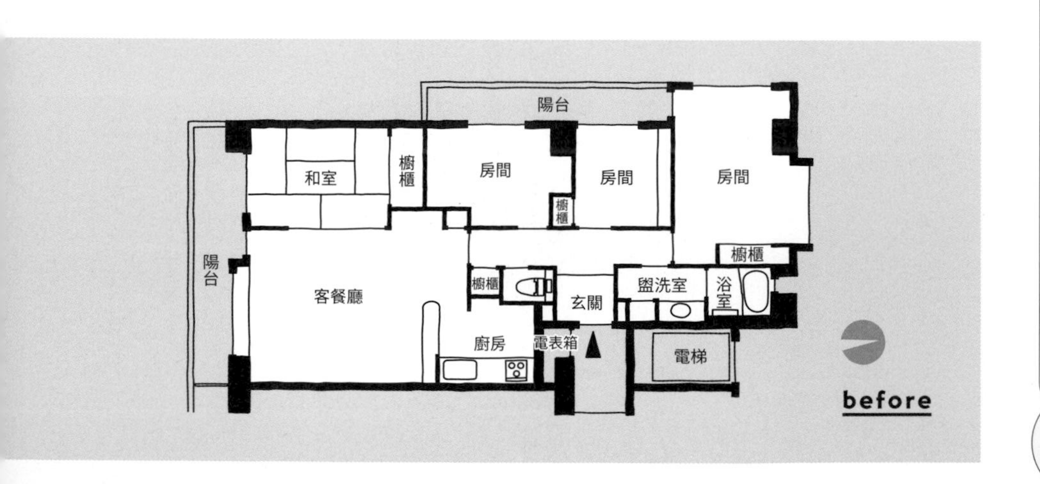

K宅寬鬆地運用90㎡的面積，同時成功打造出不會讓家人們過度疏離的格局。玄關脫鞋處擺放踏腳石般的木板，正前方就是多功能空間，可以用來看電影、居家工作、布置節日擺飾等，全家人都能使用。如果之後小孩變多，也預計會改成房間。該處就跟隔壁的小孩房一樣，配置在連接玄關跟客餐廚的動線上，以便感受家人的氣息。客廳的一角將地板架高，目前是母子的睡床兼遊樂場。廚房正面的吧檯、打造於餐廳背面的工作空間都下足了心思，想讓全家人都能在同個空間中彼此相伴。多元的棲身位置，讓生活變得五彩繽紛。

雙排型廚房打造吧檯，可供小型作業。在烹飪或工作的同時，也能跟孩子交流。

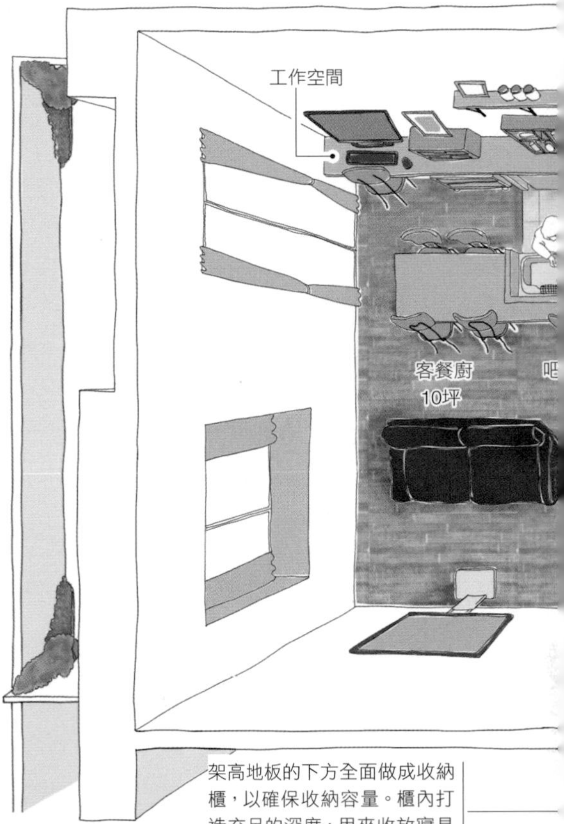

工作空間

客餐廚
10坪

架高地板的下方全面做成收納櫃，以確保收納容量。櫃內打造充足的深度，用來收放寢具等物品。

翻修動機與購屋關鍵因素

在同一棟公寓內同鄰居住

K氏一家人選擇了近年正逐漸增加的「公寓同鄰生活型態」，買下了先生老家所在的公寓住宅。

通風、採光條件佳 毫不窄仄的物件

客餐廚旁的南側陽台，景色相當開闊；有著成排房間的西側，可從窗戶望見神社的群樹。通風、採光、視野都好得沒話說。玄關位於寬闊住宅的正中央，優點是不須打造長長的走道；但相反地，由於玄關被房間包圍，室外光線無法抵達而偏暗，則是一個缺點。

data

屋齡	實際坪數	建築結構	施工時長	家庭組成
29年	90.0㎡	SRC結構	2.5個月	夫妻＋小孩（1名）

在家中打造狗狗活動區，愛犬開心，還能兼顧DIY興趣

面積
59
m²

從廚房也能進出盥洗室。為了方便幫狗狗洗澡，而挑選了深槽型洗手台。

為了讓朋友、家人留宿所設的客房，有著摩登的花紋壁紙和裝飾板，是個極具裝飾性的空間。

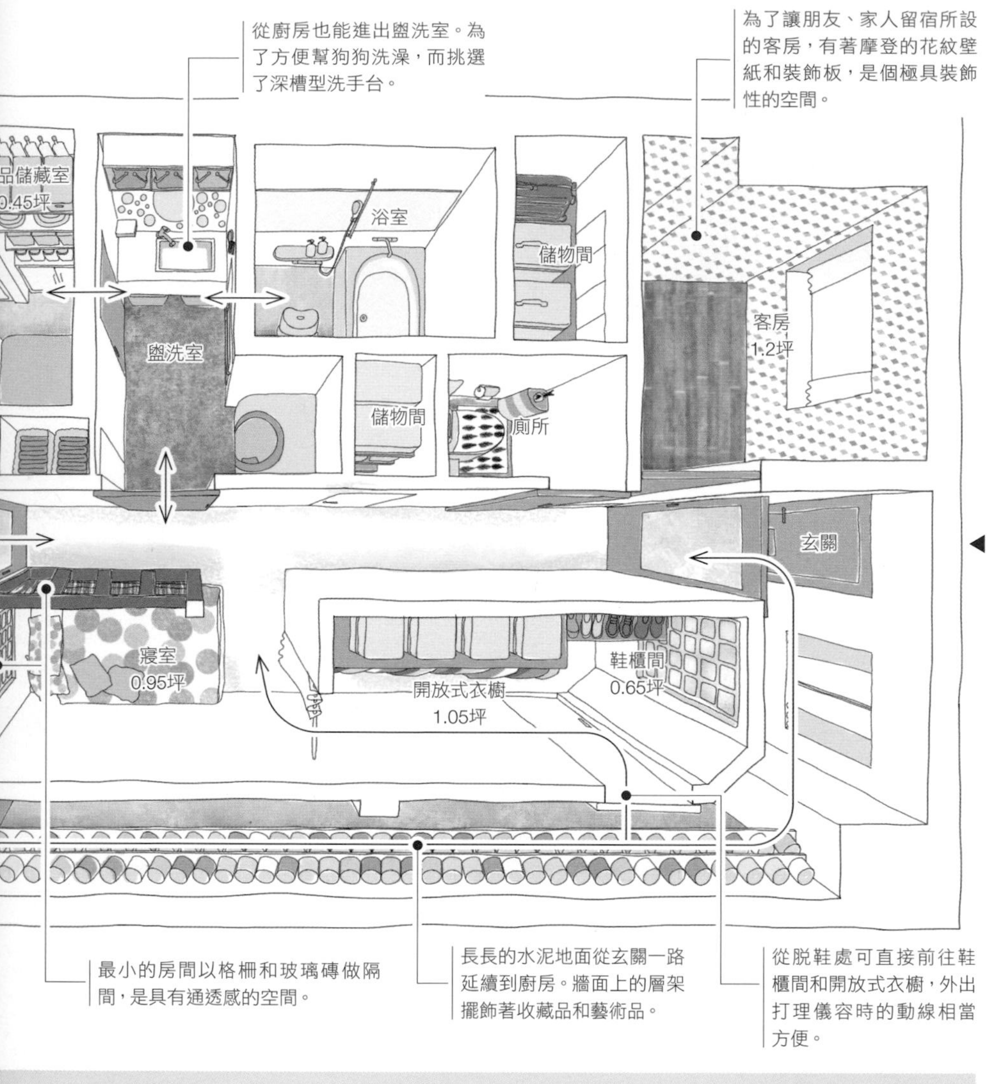

最小的房間以格柵和玻璃磚做隔間，是具有通透感的空間。

長長的水泥地面從玄關一路延續到廚房。牆面上的層架擺飾著收藏品和藝術品。

從脫鞋處可直接前往鞋櫃間和開放式衣櫥，外出打理儀容時的動線相當方便。

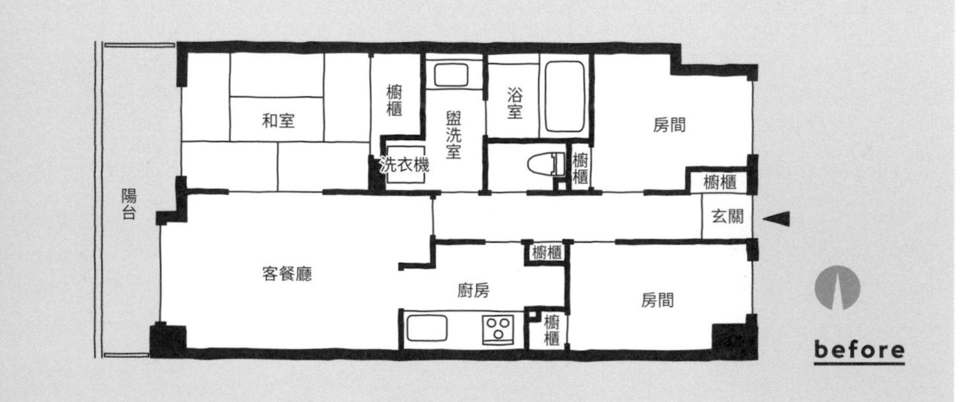

廚房的水泥地面不怕弄髒，相當好用。

客餐廚
5坪

地板架

地板架高區這側的吧檯桌，當成餐桌來使用。

水泥地面從玄關一路延續至廚房，環繞於起居空間外圍，實際上竟然是狗狗活動區。在工作忙碌、雨天等無法帶狗狗出去散步的日子，都可以讓狗狗在這裡來回跑動或玩球等，因此就連愛犬也住得相當開心。客餐廳地板架高，就像外廊般可以坐下歇息，在跟狗兒玩耍、邀客人來家中聚會時都很好用。由於利用拉門來將空間隔開，方便通風及調節室內溫度也是一大要點。寢室和開放式衣櫥都用矮牆和玻璃磚來隔間，成功營造出了空間的通暢感。假日時，N氏會在水泥地上投入做DIY的興趣。為自己跟愛犬所打造的獨創空間，帶來了無盡的歡樂。

翻修動機與購屋關鍵因素

從小就很憧憬「按自己心意安排的家」

N氏的租屋生活並未特別不開心，但從以前就一直很想住住看按個人想法規劃格局的家。容易挑到便於通勤的地段，以及價格比新屋還要划算等，也是選擇中古公寓的原因。

從窗戶可以看到晴空塔和富士山

除了「可養寵物」外，還加上了「可以看見晴空塔跟富士山」的篩選條件，最後選到了這個物件。N氏配合自己跟愛犬的生活，將有著獨立型廚房的三房兩廳格局全面翻修。

data

屋齡	實際坪數	建築結構	施工時長	家庭組成
22年	59.35㎡	RC結構	2個月	單身＋狗

COLUMN 3

翻修中古公寓總會好奇：關於費用

翻修需要花多少費用呢？
貸款有哪些類型？什麼時候需要把錢準備好？
本篇將會回答翻修公寓時所會產生的「費用」相關疑問。

point 1

翻修費用行情

若按物件尺寸來統計翻修費用的行情〔※1〕，通常面積越大，費用就越高。不過也可以看出價格都存在著幅度，因此某種程度上，只要下足工夫就能管控費用。會大幅影響費用的因素包括「裝飾材料的等級」、「設備的性能」、「固定式家具和門窗的數量」等。

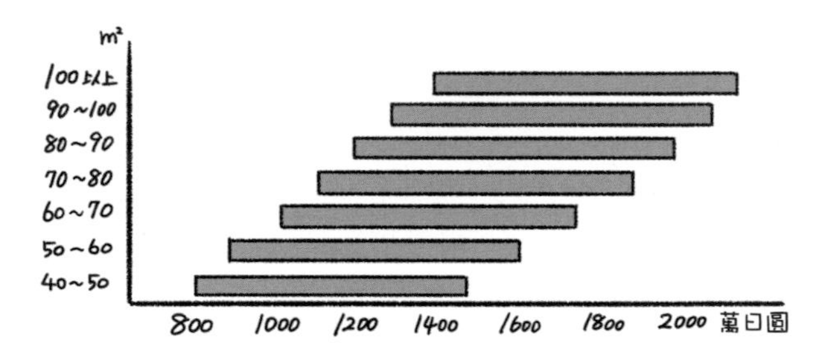

＊工程費用會依居住區域、設備、規格而異。

point 2

推薦選擇購屋修繕合一型貸款

通常購屋費用會申請「住宅貸款」、翻修費用則申請「翻修貸款」，兩者會個別辦理。但是相較於住宅貸款，翻修貸款的利息高、還款時限也更短，容易造成每月負擔變得更沉重。不過，有些翻修公司會提供始於購屋階段的一站式支援，只要活用其所推出的「購屋修繕合一型貸款」，就能一併借貸購屋費用和翻修費用，並享有相同的利息和還款時限。

point 3

擬定能負擔的預算

雖然這也會因年齡和人生規劃而異，一般購屋費用通常會抓在年收入的6倍左右。此外很重要的是，規劃預算時必須一邊想像新生活的情形，每個月的還款額度不能超過負擔。打造新家時很容易「想要」太多東西而導致預算超支，因此必須替願望排出優先順序。

point 4

翻修房屋
也能申請減稅

在日本，房屋貸款扣除金額的正式名稱為「住宅借入金等特別控除」，無論新屋、中古屋，只要符合條件就適用本制。申請條件包括面積、耐震度、屋齡、貸款還款時限、年收入等，翻修費用亦可列為扣除對象。除此之外，有時還適用發放補助金或點數的制度，在購屋前請事先確認。

---

point 5

購屋和翻修外所需的費用

在翻修中古公寓的過程中，通常會產生下列費用。之中也包括了不能申請貸款的項目，以及必須以現金支付的項目，因此有必要事先估算，才能得知手邊必須準備多少資金。

簽不動產買賣契約時	手付金	通常為物件價格的5～10%
	收入印紙代（印花稅）	
	仲介手續費（一半）	亦可能在結清尾款時支付
簽金錢消費借貸契約時（貸款契約）	收入印紙代（印花稅）	
交屋、結清尾款時	貸款事務手續費	金額依金融機構而異
	貸款擔保費	與擔保公司締結擔保契約的費用
	團體信用人壽保險費	在借貸住宅貸款時會伴隨投保
	火災保險費、地震保險費（任意投保）	
	登錄免許稅	在登記不動產所有權、抵押權時須支付的稅
	固定資產稅等精算金	不動產的固定資產稅，賣家和買家會按比例負擔金額
	仲介手續費（一半）	亦可能不分次，一併支付
完工、交屋後	搬家費	
	家具、室內裝潢費	
	不動產取得稅	在購買土地和建築時須繳的稅金。通常在登記移轉不動產所有者後4～6個月內，繳稅通知書就會寄到。

※1)根據「RENOVERU」團隊的實際案例算出

在水泥地上享受戶外活動和做DIY

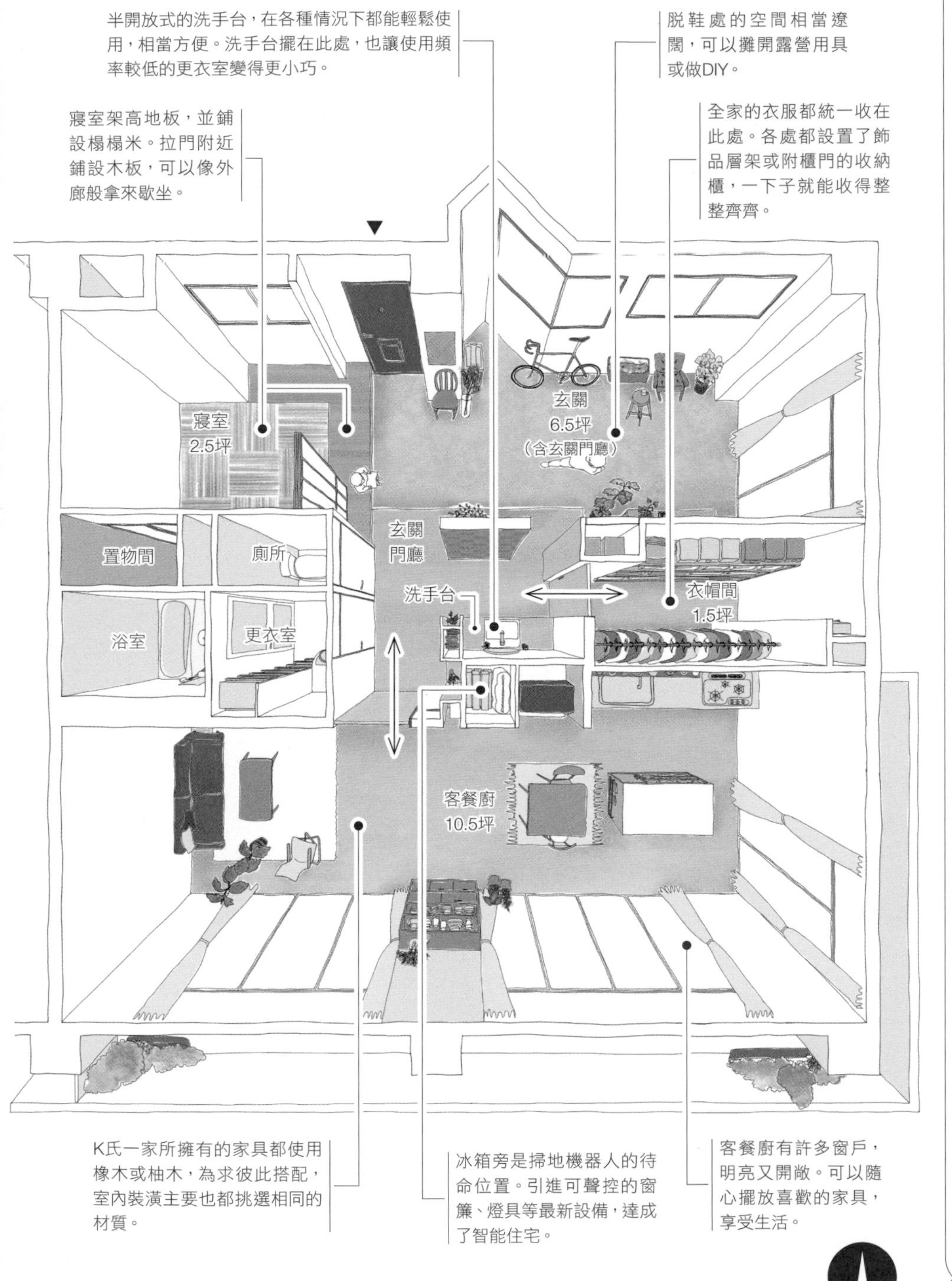

面積
88
m²

一進入玄關，就是共6.5坪的水泥地。K氏一家人喜愛戶外活動和做DIY，會在此處搭帳棚跟孩子玩耍，或打造手工家具。玄關門廳的洗手台，無論是在水泥地上作業，或回家後洗手都很方便。由於覺得「單純用來睡覺的地方很浪費」，而用拉門隔出寢室，變成能跟水泥地一併使用的空間。未來計畫會在水泥地搭建小屋，當成小孩房。客餐廚的部分將廚房靠牆，保有了可寬敞運用的10.5坪，可以不受限地配置喜愛的家具。先生說：「夏天待在水泥地，冬天待在客餐廚，很喜歡能隨季節跟心情改變自己想待的位置。」在兩種空間中，實現了能夠享受興趣的生活。

翻修動機與購屋關鍵因素

希望住家符合生活型態

過往的住處必須配合著房屋來改變生活方式，讓K氏夫妻不太開心。由於未來可能會將老家打掉重建後在該處生活，因此不選獨棟房屋，而選擇將容易脫手的公寓改造成符合自身生活樣態的空間。

夢寐以求的理想屋形

他們買下了88㎡的方正住宅。K氏為了實現憧憬的格局而專找正方形的物件，對K氏而言，這正是符合理想的屋形。由於屋址跟價位也都符合期望，馬上就決定買下。

before

data

屋齡	實際坪數	建築結構	施工時長	家庭組成
39年	88.0㎡	RC結構	3個月	夫妻+小孩（1名）

咖啡廳風格：具有滴濾專用吧檯的廚房

在廚房的滴濾專用吧檯等處，裝在牆上的照明，全都採用U氏喜歡的燈具。

盥洗室裝了晾衣繩，檯面下方亦設有衣架收納處，是洗衣效率極佳的小巧空間。

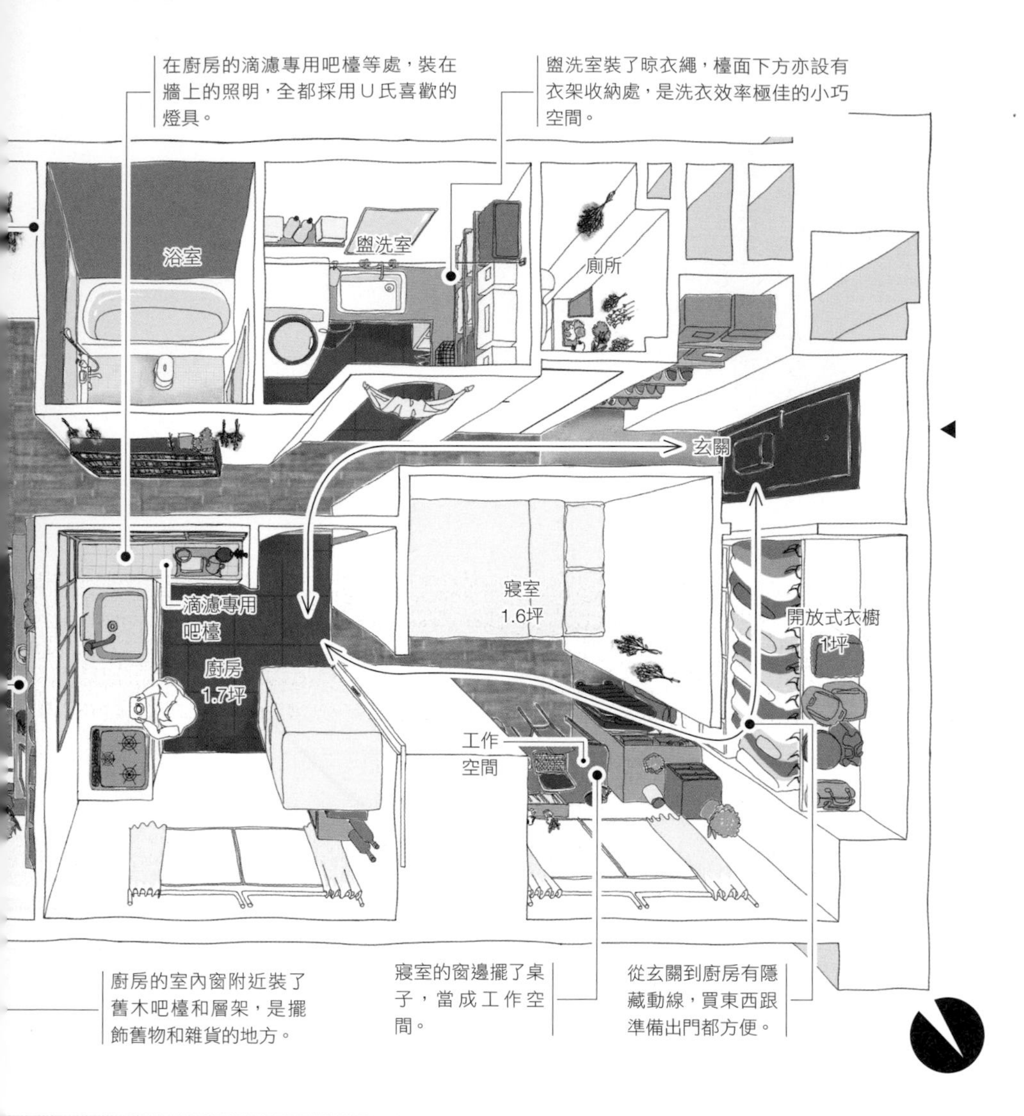

廚房的室內窗附近裝了舊木吧檯和層架，是擺飾舊物和雜貨的地方。

寢室的窗邊擺了桌子，當成工作空間。

從玄關到廚房有隱藏動線，買東西跟準備出門都方便。

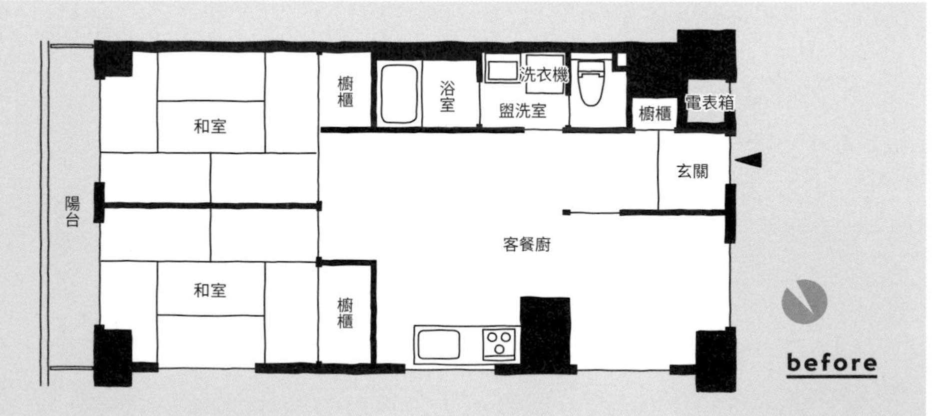

面積
56
m²

U氏夫妻是咖啡重度愛好者，甚至會從焙煎咖啡豆開始做起。兩人希望可以在住宅中欣賞到他們蒐集的舊物和雜貨，一邊享受咖啡時光，因而選擇翻修公寓。廚房設置貼有磁磚的咖啡滴濾專用吧檯，沖杯咖啡，在鍾愛的舊家具和雜貨環繞下飲用，無非是極致幸福的片刻。這是一間56㎡的小巧物件，但包括玄關→開放式衣櫥→寢室→廚房的循環動線，以及在客餐廚用半腰牆隔出的工作空間、附室內窗的廚房等處，都感覺得出下了工夫彼此串連，造就出這充滿餘裕的空間。這是一間工作和生活都舒適，宛如咖啡藝廊的住宅。

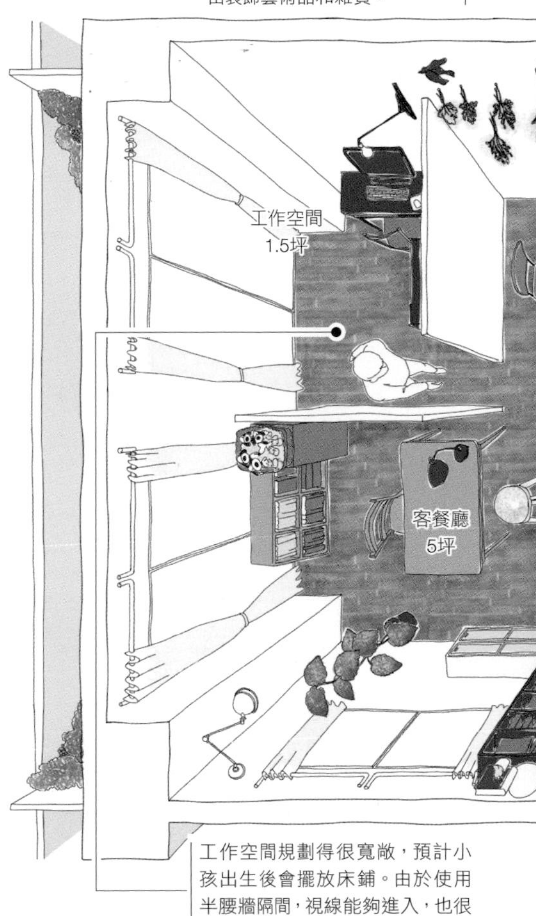

客餐廚以漆成白色的合板打造牆壁。只要掛上掛勾，就能自由裝飾藝術品和雜貨。

工作空間規劃得很寬敞，預計小孩出生後會擺放床鋪。由於使用半腰牆隔間，視線能夠進入，也很方便談話。

翻修動機與購屋關鍵因素

在喜愛的街區尋覓物件

U氏夫妻跟愛犬一起生活，原本就住在新居附近。他們很喜歡這個街區，於是嘗試在附近尋找物件，最後找到一間位置、視野都很棒，而且可以養寵物的物件，決定買下。

打造跟舊物和雜貨相襯的家

兩人買下的物件是三面開窗的邊間，會有晨光照入。由於渴望著能兩人一起居家工作的環境，以及可裝飾舊物和雜貨收藏品的空間，而著手翻修。

data

屋齡	實際坪數	建築結構	施工時長	家庭組成
41年	56.16㎡	SRC結構	2個月	夫妻＋狗

在家中欣賞展示櫃般的衣帽間

酒吧吧檯一般的桌面，除了節省空間，也最適合用來欣賞衣帽間的收藏品。

餐廳的窗戶上方也設置吊衣桿，可以裝飾雜貨、乾燥花等拿來欣賞。

衣帽間的吊衣桿配合U氏夫妻的身高來設定，將衣物擺放在伸手可取的高度。

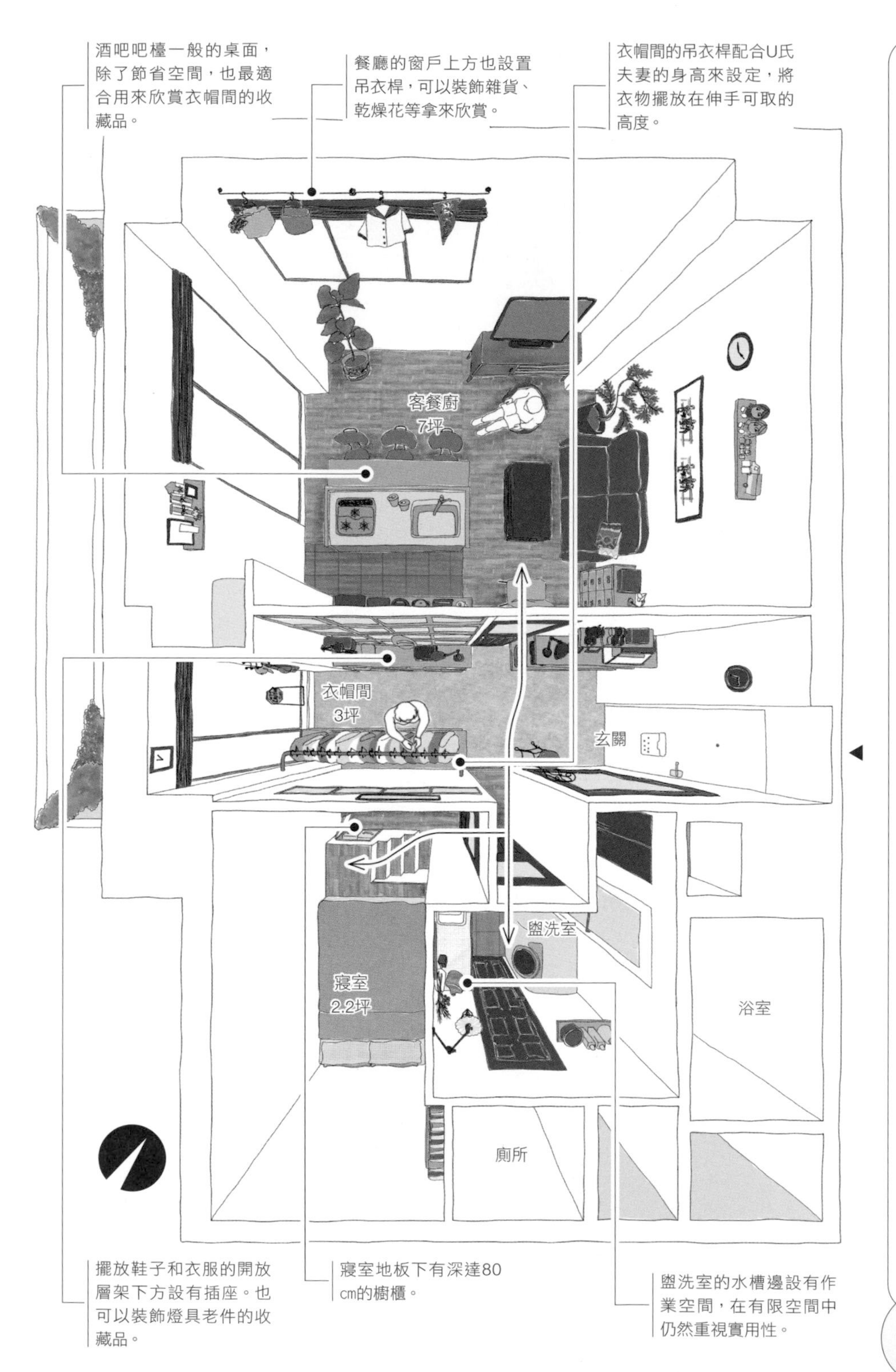

擺放鞋子和衣服的開放層架下方設有插座。也可以裝飾燈具老件的收藏品。

寢室地板下有深達80㎝的樹櫃。

盥洗室的水槽邊設有作業空間，在有限空間中仍然重視實用性。

面積
56
㎡

水泥地從玄關門邊貫穿內部格局，一路延續至正面窗邊；這是用來收放舊衣和雜貨收藏品的衣帽間。兩側牆上做了室內窗，從寢室和客餐廚也能看見收放的物品，讓此處彷彿成了展示間。廚房吧檯的半腰牆貼成人字紋樣式，也讓U氏夫妻相當喜歡。他們總在用餐和品酒的同時，一邊欣賞著衣帽間裡的收藏品。另一方面，為了徹底實踐「在生活中欣賞喜歡的物品」這番規劃，寢室地板也設在稍高的位置，在下方確實保留隱藏式的收納空間。另外還特地將寢室的室內窗裝得高一些，因此從廚房不會看見房內的全貌。

翻修動機與購屋關鍵因素

渴望住進
裝潢具原創性的住宅

U氏夫妻原本居住的出租公寓必須重建，促使他們動念購買自宅。不過等到開始尋覓落腳處，卻發現「對租屋跟新成屋劃一的內部裝潢感到不甚滿意」。於是他們選擇翻修中古公寓，藉以實現具個人風格的格局和設計。

只留下能用的東西

兩人買下了屋齡50年的物件。室內已經翻修完畢，但原始空間帶給他們的感覺，卻跟租屋物件沒有兩樣。U氏夫妻追求具原創性的空間，於是決定除了浴室直接拿來使用之外，其他部分都按自身喜好來重新打造。

before

data

屋齡	實際坪數	建築結構	施工時長	家庭組成
50年	55.64㎡	RC結構	1.5個月	夫妻＋小孩（1名）

浴室靠廚房和靠盥洗室的牆壁都鋪設了玻璃。使用了霧面玻璃，可供遮蔽。

面向公共走道的窗戶在內側方向裝了鏡子。

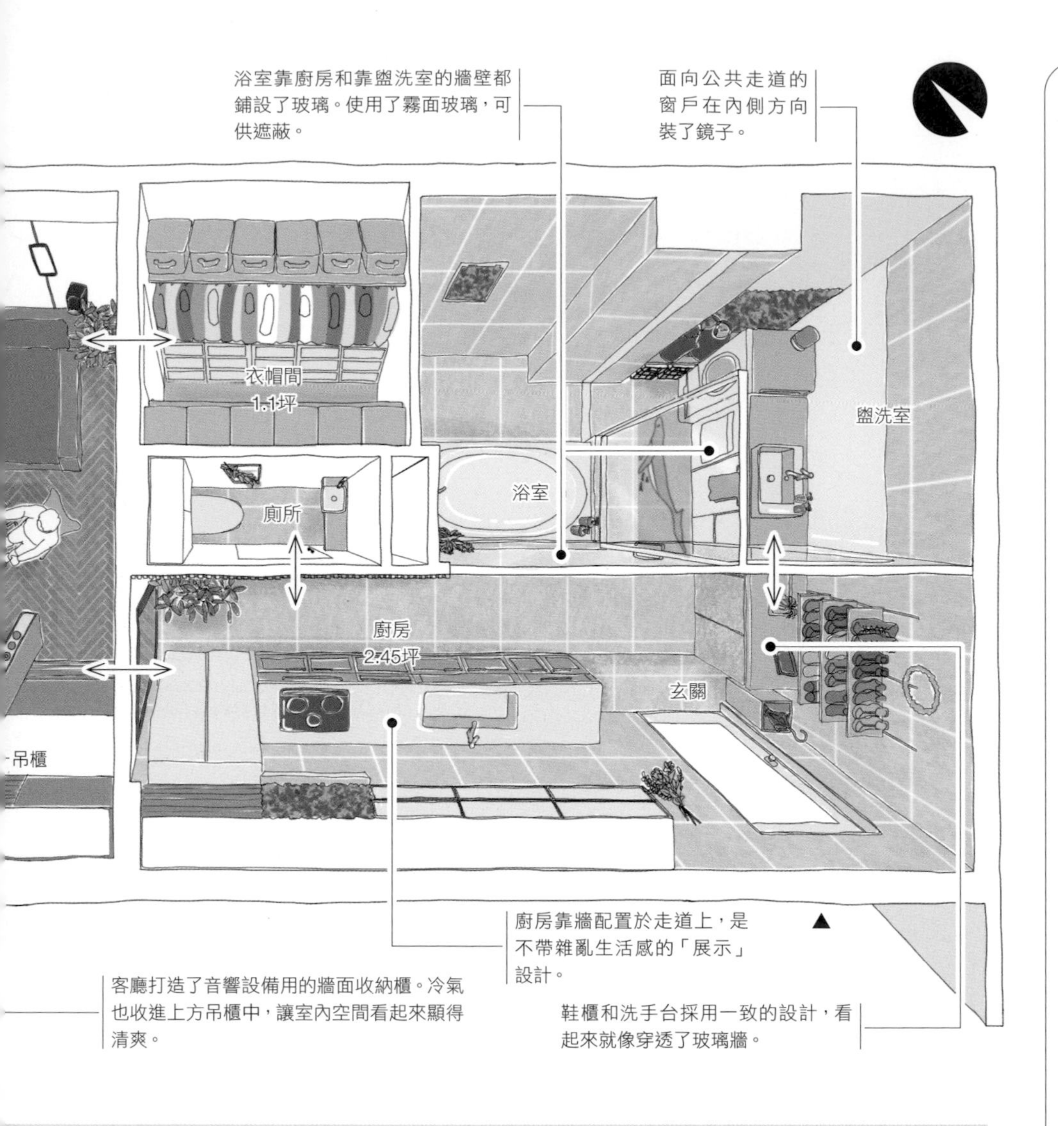

廚房靠牆配置於走道上，是不帶雜亂生活感的「展示」設計。

客廳打造了音響設備用的牆面收納櫃。冷氣也收進上方吊櫃中，讓室內空間看起來顯得清爽。

鞋櫃和洗手台採用一致的設計，看起來就像穿透了玻璃牆。

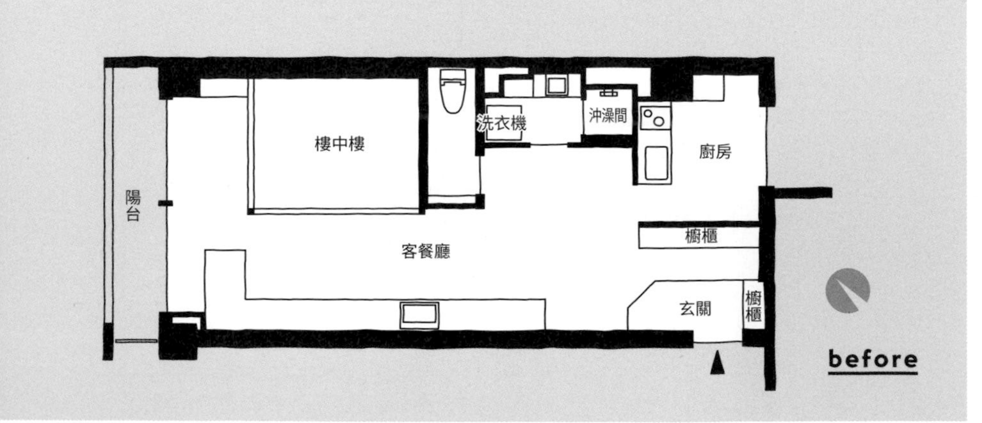

面積
54
㎡

W氏因「想打造特別的住家」而著手翻修，最終完成了由玻璃隔間浴室、完全隔音視聽間所構成的個人專屬特別空間。從浴室可以望見貼了鏡面的洗手台，以及設計宛如訂製家具般的廚房。據說W氏有時會用投影設備將影像映在玻璃牆上，泡著澡度過一天。有著睡床的客廳兼作視聽室，利用雙重拉門和三層窗達到完全隔音。窗戶更進一步裝上了遮光用的拉門。音響設備和擴大機的線材都藏入地板下或牆內，將配線徹底隱藏。在這個特別的空間中，欣賞音樂、看電影自是當然，還可以跟朋友一起唱卡拉OK。這是一間針對「興趣」所特別設計，獨一無二的住宅。

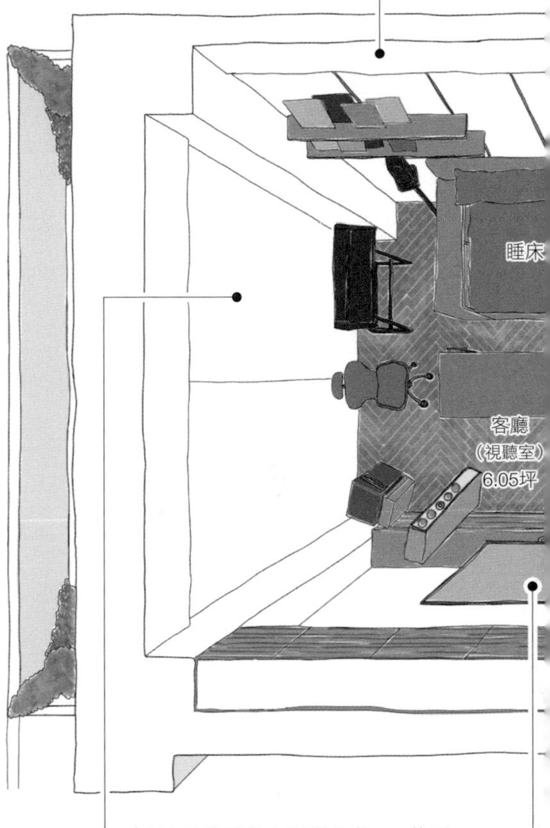

翻修動機與購屋關鍵因素

希望過有音樂的生活

喜愛音樂的W氏經營著音響設備公司，據說從前還曾在夜店擔任DJ。W氏希望住宅能反映出對於興趣和裝潢的堅持，因此走上翻修一途。在挑物件時便於考量資產價值，也是選擇翻修中古公寓的一個原因。

雖是特殊物件 仍能依照期望大改造

W在住慣的街區找到一個54㎡的物件，位置夠好，且格局適合改造成期望布局，成了購屋的關鍵因素。此物件的格局很特別，曾經是藝人的休息室兼化妝間，因此翻修時將內容物全部換掉，從零開始重新建構。

data				
屋齡	實際坪數	建築結構	施工時長	家庭組成
44年	54.14㎡	RC結構	3.5個月	單身

能夠享受各種角落的大單間

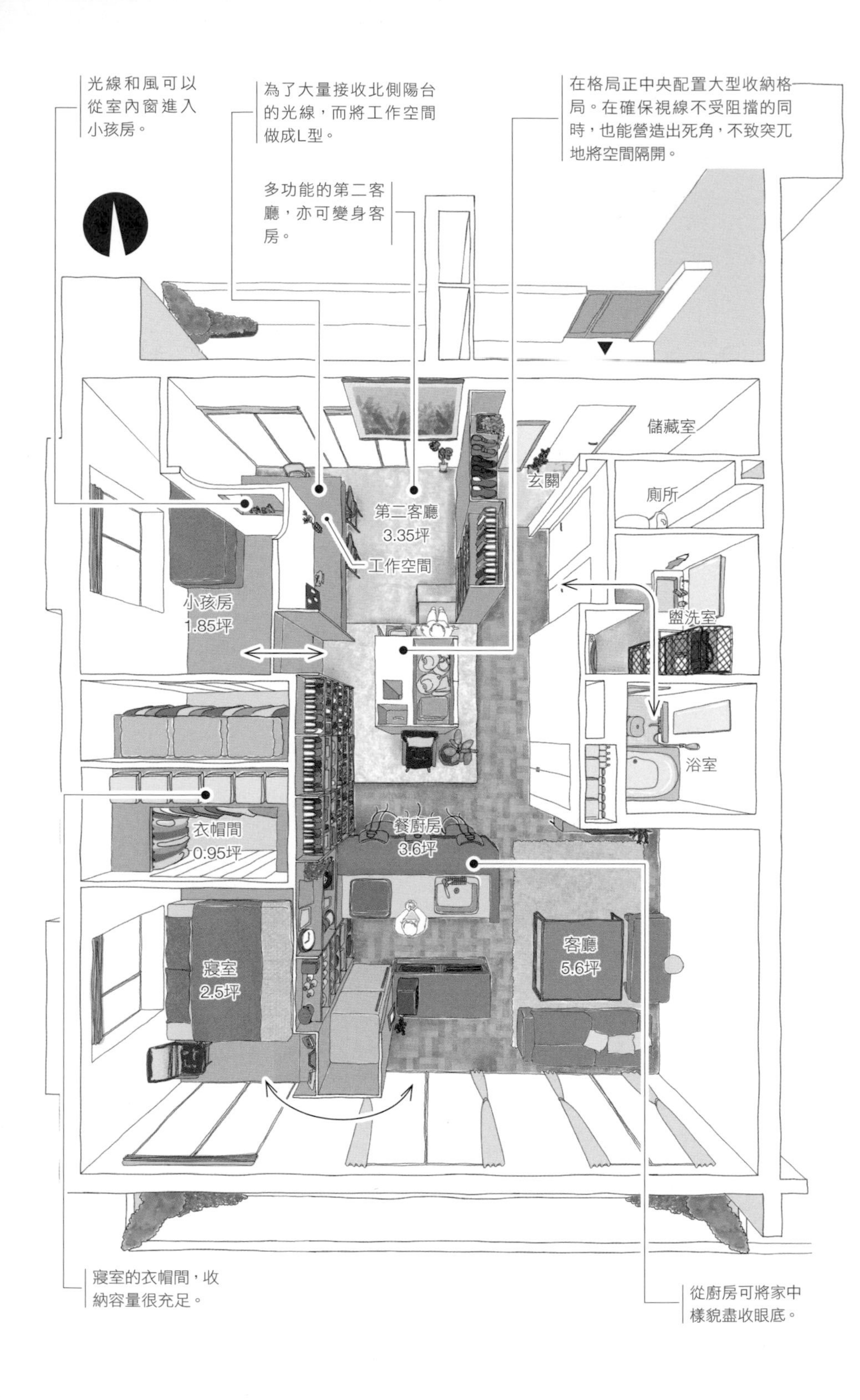

面積
86
m²

K氏一家人的居家設計願望，始於「想要一個跟高腳椅夠搭的空間」，而吧檯廚房為他們實現了這個夢想。該處往外眺的視野極佳，是個相當舒適的場所。側邊的牆上是一整排層架，裝飾著喜愛的書籍和唱片。先生表示：「在這裡邊喝酒邊望著外頭，是無比幸福的時光。」K宅的整個家裡都不以牆壁或門窗隔間，而運用層架、地面高低差，和緩地隔開不同的空間，打造出了許許多多可待的小角落。就算沒有完全切劃隔間，鋪著地毯的寢室仍成了飯店一般的放鬆空間；備有工作空間的第二客廳，則成了孩子玩耍，或坐在台階地板上欣賞電影的場所。

翻修動機與購屋關鍵因素

選擇位置佳、能輕鬆維護管理的公寓

K氏一家人考量到前往公司的交通方式，以及小孩可能會到市中心念書，最終在許多人都選擇獨棟住宅的群馬縣買了公寓。相較於必須辛苦維護屋頂、外牆和庭院的獨棟住宅，公寓管理起來更加輕鬆，也是其中一個原因。此外，能夠使用自身喜好的室內裝潢這一點，同樣是加分項目。

有著充足窗戶的大面寬住宅

他們買下了開口寬敞的大面寬住宅，具有絕佳的開闊感。三面採光通風極佳，有常駐的管理員，且公共區塊經悉心打點，成了購屋的關鍵因素。

before

data

屋齡	實際坪數	建築結構	施工時長	家庭組成
10年	86.0㎡	SRC結構	2個月	夫妻＋小孩（1名）

在漫畫包圍下，度過極致的幸福時光

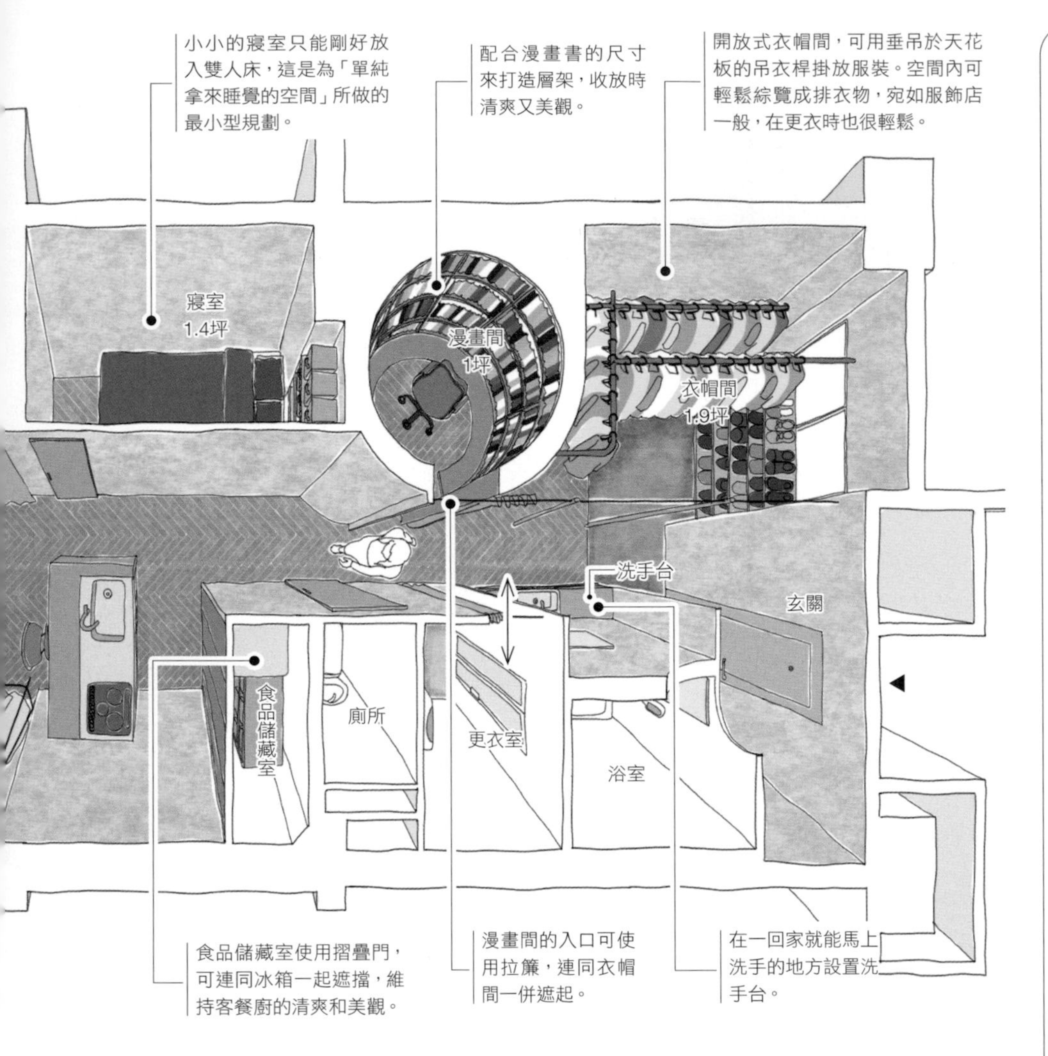

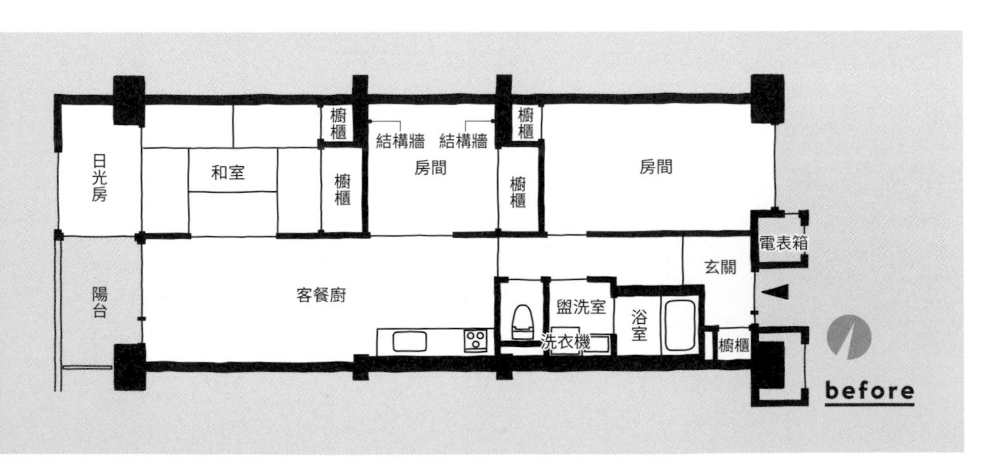

面積
73
m²

T氏夫妻渴望擁有「能盡情放鬆度日」的住所。在規劃住家時，由漫畫專用書架環繞的圓形漫畫間，正象徵著這一點。裡頭亦備有閱讀用的吧檯桌和插座，想窩幾小時都不是問題。客餐廚的角落還打造了兼具地面收納的架高地板，T氏夫妻很喜歡在這裡躺懶骨頭沙發的放鬆時光。坐在架高地板上，也可以在隔壁的日光房享受晚酌。盡可能去除地板的高低差及門扉，亦是設計上的一個重點，只要打開拉門，就能交給掃地機器人去打掃了。而省下來的時間，當然都會成為享受漫畫的愜意時光。

架高地板是可以從上方開闔的形式。表面如榻榻米般鋪設PVC地墊，兼顧保養便利性跟設計感。

日光房
1.1坪

地板架高區

客餐廚
9.05坪

翻修動機與購屋關鍵因素

中古公寓的地點選項相當豐富

T氏夫妻原先住的員工宿舍即將拆除，所以開始考慮購買自宅。在相同花費下，中古公寓的地點選項比獨棟住宅還要多，他們因而往這個方向尋覓物件，並透過能夠自在設計空間的翻修一途來打造住家。

到現場親眼看、親耳聽憑藉親身感受來挑選物件

兩人在找房子時，都會到現場確認空間大小、通風、採光、聲音環境等條件。最後買下的住宅，雖然室內凸了一面無法打掉的結構牆，但在日照和面積方面都好得沒話說。

data

屋齡	實際坪數	建築結構	施工時長	家庭組成
45年	73.31㎡	SRC結構	2個月	夫妻

有「室外小屋」和DJ台的家

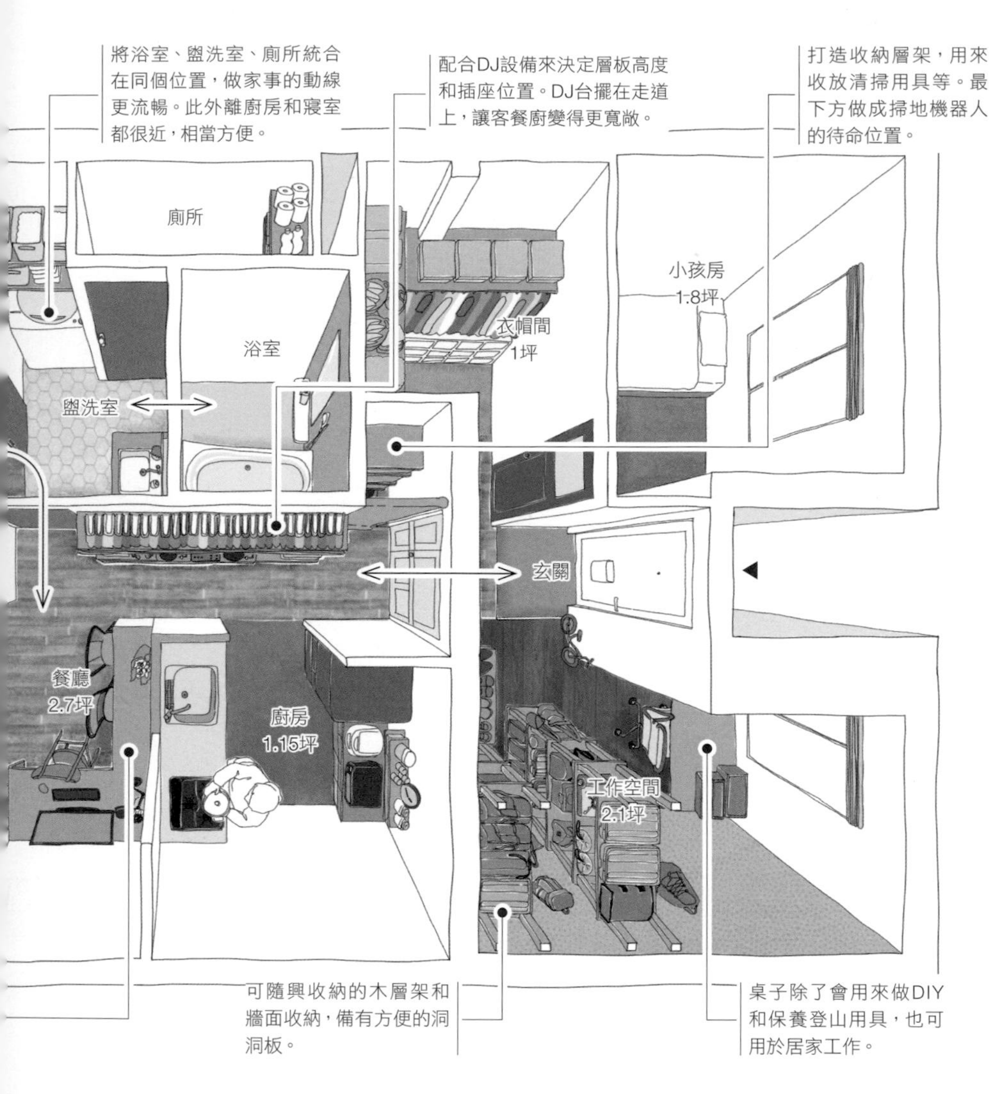

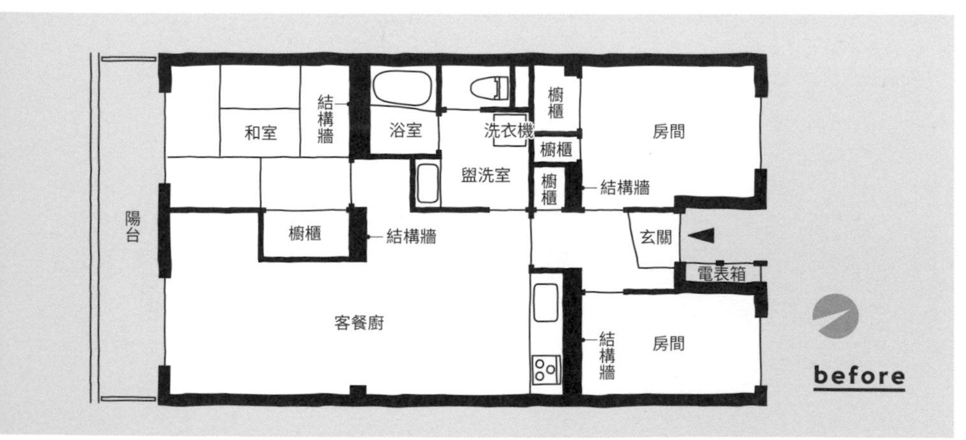

面積
70
m²

U氏一家人熱愛登山和露營，他們以「室外小屋」為概念，在玄關側邊打造了一個工作空間。該處的地板材質使用鷹架木板，不脫鞋也OK，在登山返家時更衣、拆解行李都很方便。廚房旁走道般的空間，實際上也是為了興趣所打造的場所，包括先生的DJ設備和兩百多張唱片都在此一字排開。另一方面，設計得有如咖啡廳的客餐廚，則反映出太太的興趣，以天然木地板和木門妝點。隔開寢室和客廳的黑框拉門，亦是室內裝潢的亮點。使用透光的PC材質，就算拉上，空間仍感覺開闊。這間住宅，同時貫徹了對室內外活動的雙重講究。

PC材質的拉門比玻璃輕、不易碎裂，跟小小孩一起生活也很放心。

寢室
2.9坪

客廳
3.5坪

廚房備有吧檯，省去餐桌，讓客廳保有配置沙發和矮桌的舒適空間。

翻修動機與購屋關鍵因素

得知翻修中古公寓的做法後決定購屋

U氏夫妻從幾年前就開始考慮入手新建公寓或訂製住宅，但期望地區和預算兜不攏，只好先喊停構築新家的計畫。於此之中，U氏得知自己常讀的戶外運動時尚雜誌舉辦了一個監督翻修的計畫，參加說明會後，也覺得翻修中古公寓在預算和感覺上都很適合自己家裡，於是重新啟動自宅計畫。

運用結構牆來營造空間

他們買下一個壁式結構的物件。不能破壞的結構牆，就像柵門般豎立於室內格局之中，但U氏夫妻卻從中感受到了營造獨特格局的潛力。

data

屋齡	實際坪數	建築結構	施工時長	家庭組成
43年	69.75㎡	RC結構	2個月	夫妻＋小孩（1名）

寬敞的客餐廚與3D工作空間

玄關脱鞋處用來執行3D列印工作，就連通勤時使用的腳踏車都能輕鬆擺入。

玻璃門加上黑色格柵，使玄關變得明亮。由於是子母門，只要完全敞開，空間就會變得相當暢通。

會顯露生活感的元素，幾乎都集中在盥洗室兼衣帽間內，因此客餐廚顯得很時髦，有著飯店般的氣氛。

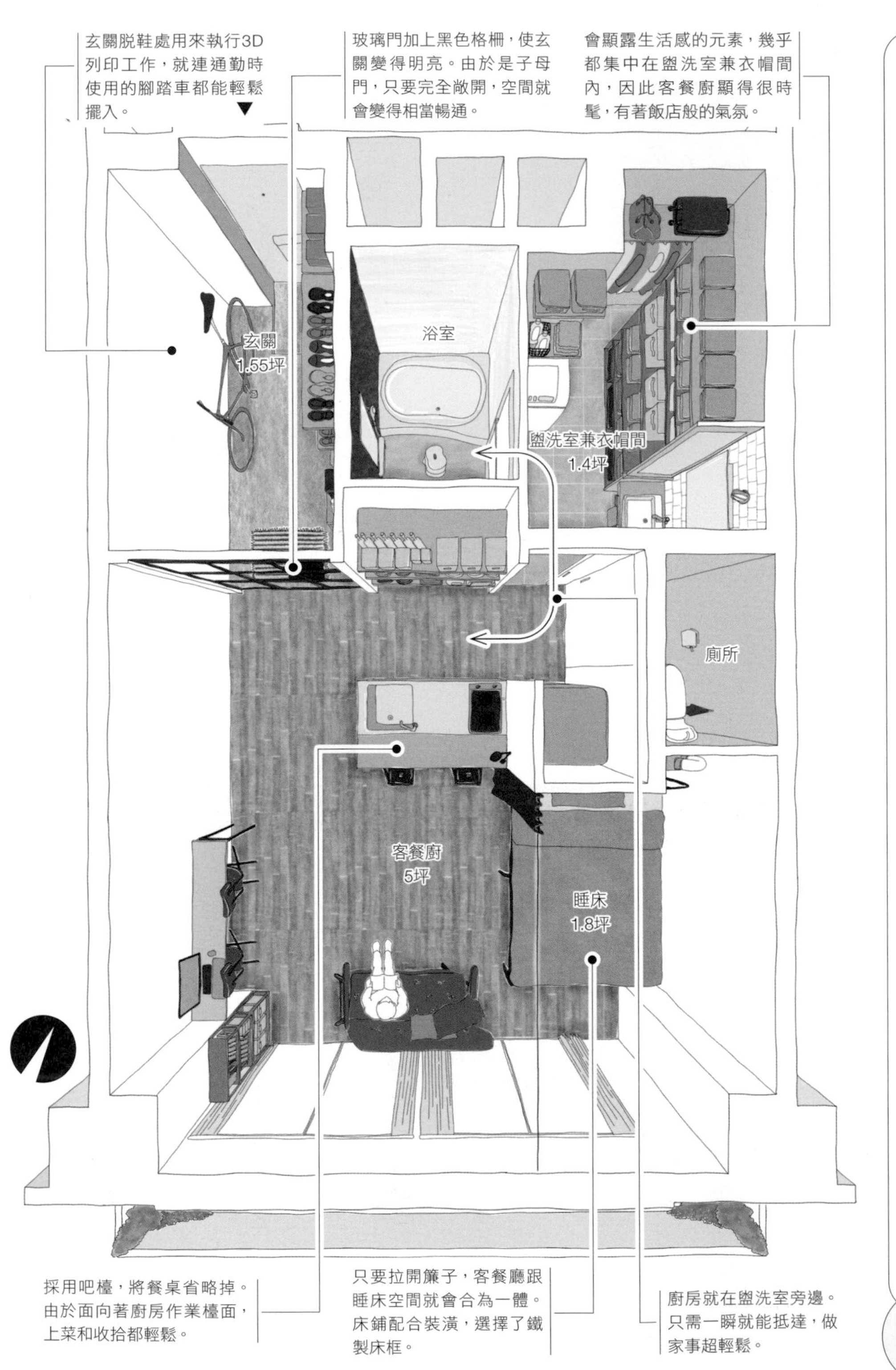

採用吧檯，將餐桌省略掉。由於面向著廚房作業檯面，上菜和收拾都輕鬆。

只要拉開簾子，客餐廳跟睡床空間就會合為一體。床鋪配合裝潢，選擇了鐵製床框。

廚房就在盥洗室旁邊。只需一瞬就能抵達，做家事超輕鬆。

面積
38
㎡

O氏運用木材老件和鐵件，為住宅營造出了工業風的氣氛。O氏想設法在38㎡的住宅中將客餐廚的面積擴張到最大，最後決定將衣帽間和盥洗室合而為一。洗好的衣物用浴室換氣乾燥機弄乾，馬上就能收起來，因此「方便到不行」。客餐廚變得寬闊，並將廚房配置於中央。眺望著窗外風光和心愛的空間，一邊享受菜餚和酒品，是別具一格的時光。另一個反映出O氏興趣的地方，則是可以執行3D印表機工作的玄關脫鞋處。由於跟客餐廚徹底劃分開來，作業過程中所產生的聲音和氣味都不致干擾。O氏正享受著充滿創造性的生活。

翻修動機與購屋關鍵因素

比起已翻修的物件
高度自由更具魅力

O氏認為「付房租太浪費」而決定購買住宅。在入內比較已翻修物件和未改造物件之後，O氏覺得「喜歡工業風的自己，更適合能夠自由地翻修的選項」，因而走上翻修中古公寓一途。

挑選物件時
一邊考量轉賣價值

這個屋齡47年的物件，內部裝潢和機械設備都維持落成時的原貌。決定購屋的關鍵因素，在於地段、價格、視野達到完美平衡。考量到未來也可能脫手，而選擇位於高度便利的市中心地區、附近有數個車站和電車路線可供選擇的地點。

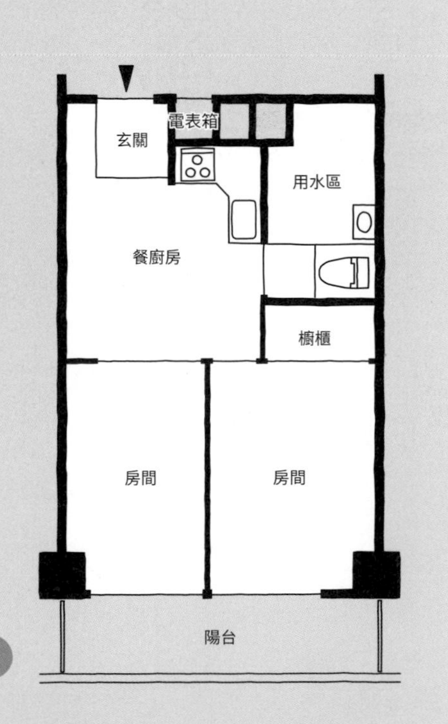

before

data

屋齡	實際坪數	建築結構	施工時長	家庭組成
47年	38.0㎡	RC結構	2個月	單身

電玩、漫畫、電影一把抓的娛樂空間

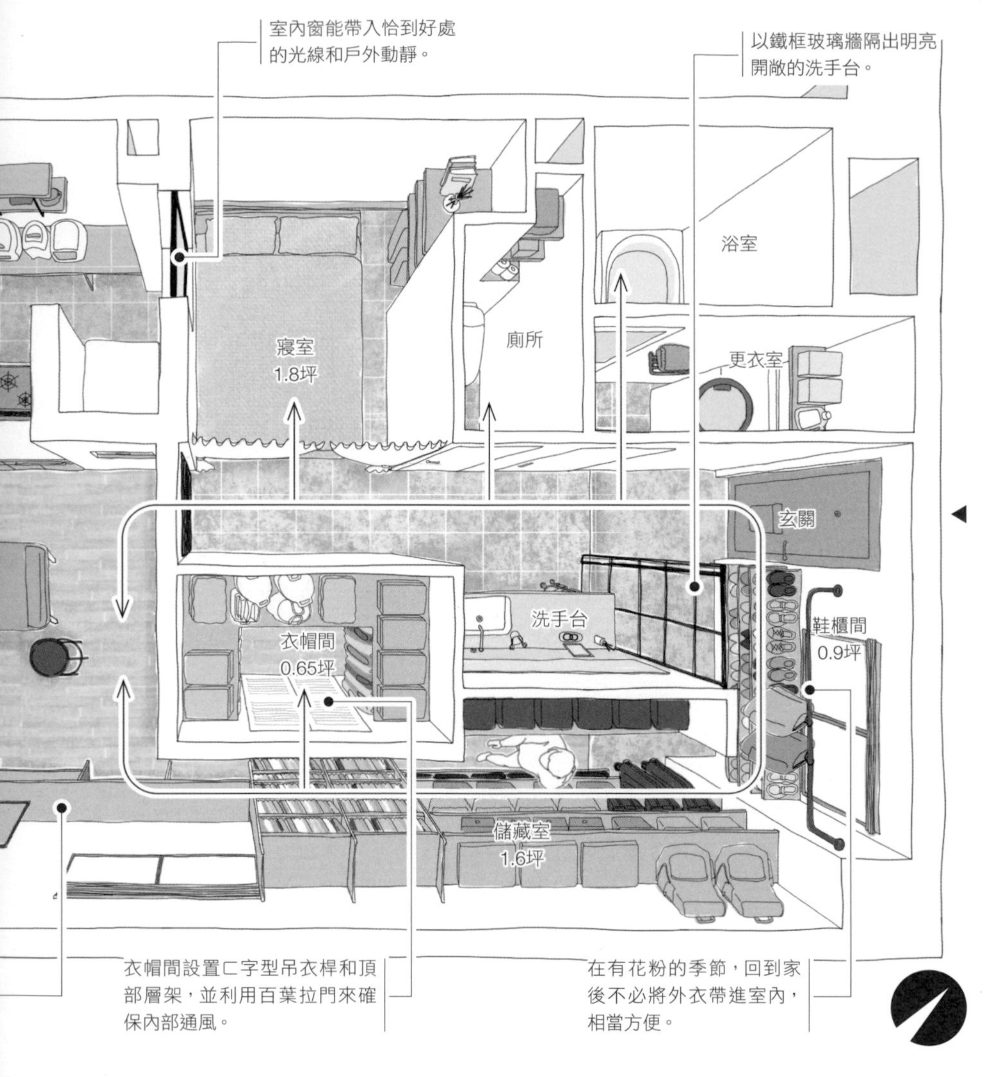

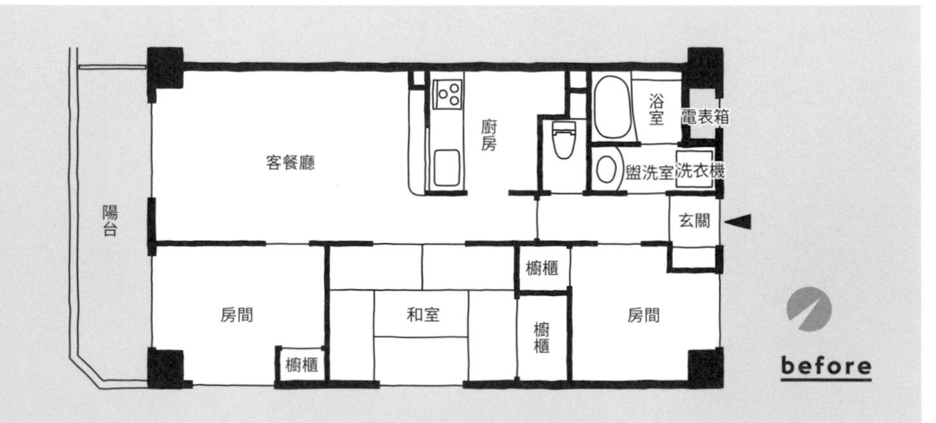

面積
62
㎡

在E宅可以運用有著大量收納空間的內部動線，以及可通過開放式洗手台和寢室的外部動線等兩條動線，在家中循環繞行。內部動線的儲物間裡，擺放著戶外用品和漫畫書。客餐廚牆邊的長椅可用來看漫畫；另外也打造了足以擺放兩個螢幕的電視櫃，以便夫妻一同遊玩線上遊戲。外部動線的洗手台參考渡假飯店的概念，做成開放式的舒適空間。只要用投影設備將畫面投至走廊的牆上，就能在床上欣賞電影。另外還採用了能聲控操作照明、電視、空調、掃地機器人等的智慧宅設備。處處都是能為居家時光帶來盡情歡樂的設計。

為了在烹飪時也能觀賞電視，而將廚房做成雙排型。採用系統廚房，桌面寬闊、收納量很充足。

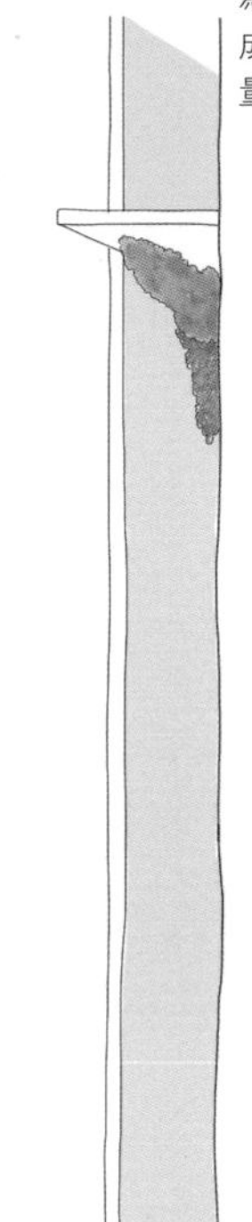

窗邊的長椅附插座，小小巧思，在長時間愜意放鬆時，可以一邊幫手機充電。

翻修動機與購屋關鍵因素

想解決10年來的不滿意

E氏夫妻在屋齡10年時買下自宅，隨後住了16年。在翻修之前，住起來不開心的地方主要是「盥洗室很狹窄」、「收納分散於各個房間，使用不便」、「房間變得像是雜物間，希望將空間有效運用」。

想在同個空間享受興趣

E氏夫妻的興趣是打線上遊戲。翻修前的住處沒有空間擺放兩台電視，必須分頭在不同的房間遊玩。除了舒適的收納規劃和盥洗空間外，兩人也希望打造能讓夫妻一同享受興趣的空間。

data

屋齡	實際坪數	建築結構	施工時長	家庭組成
26年	62.0㎡	RC結構	2.5個月	夫妻

令人興致高昂的廚房和重訓空間

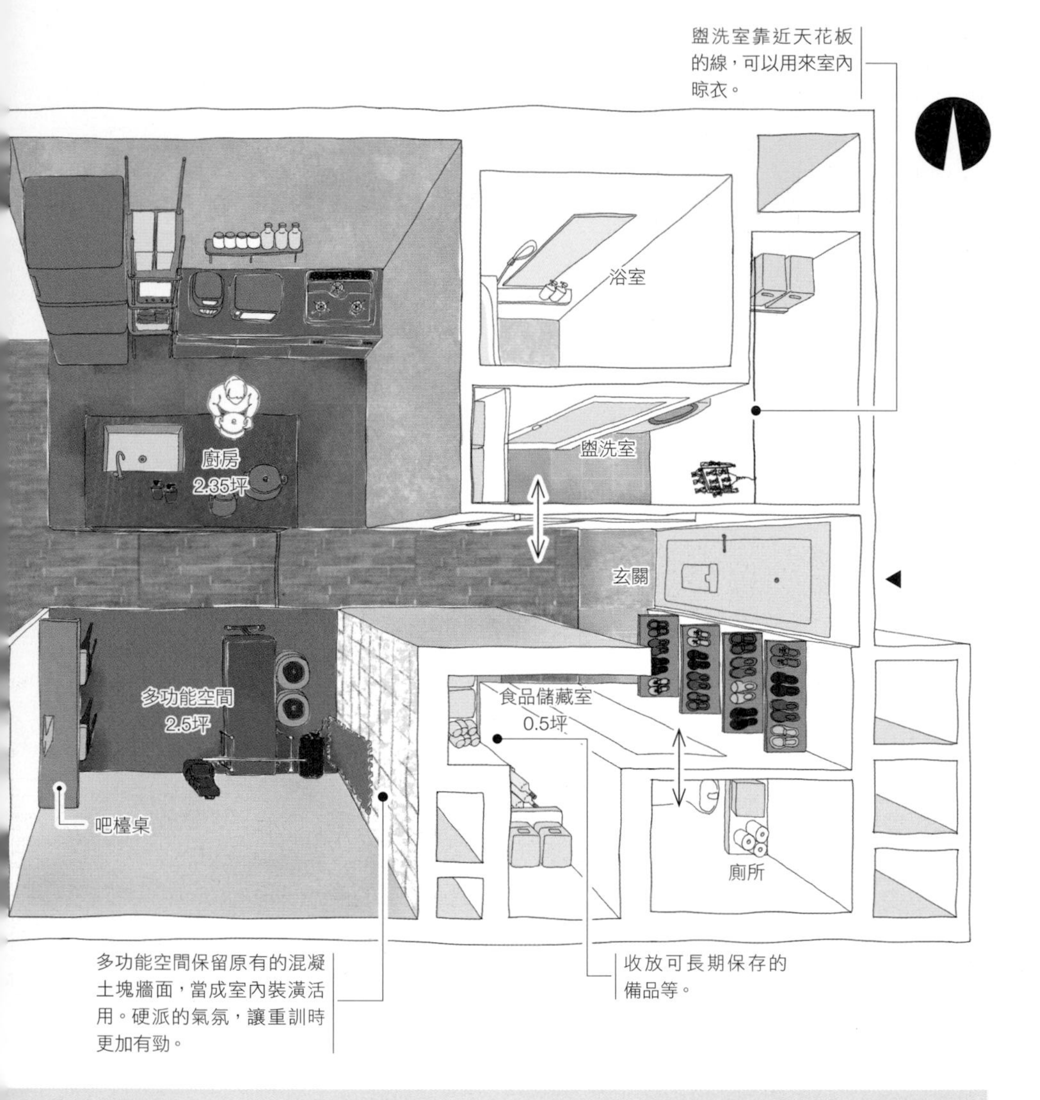

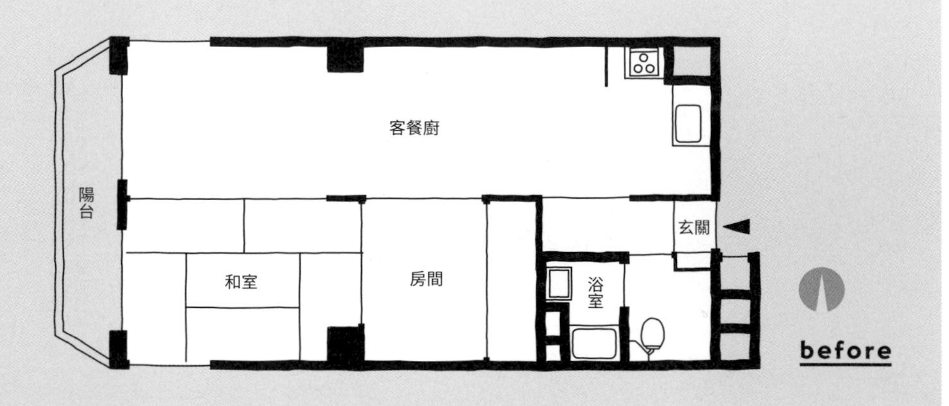

面積
53
㎡

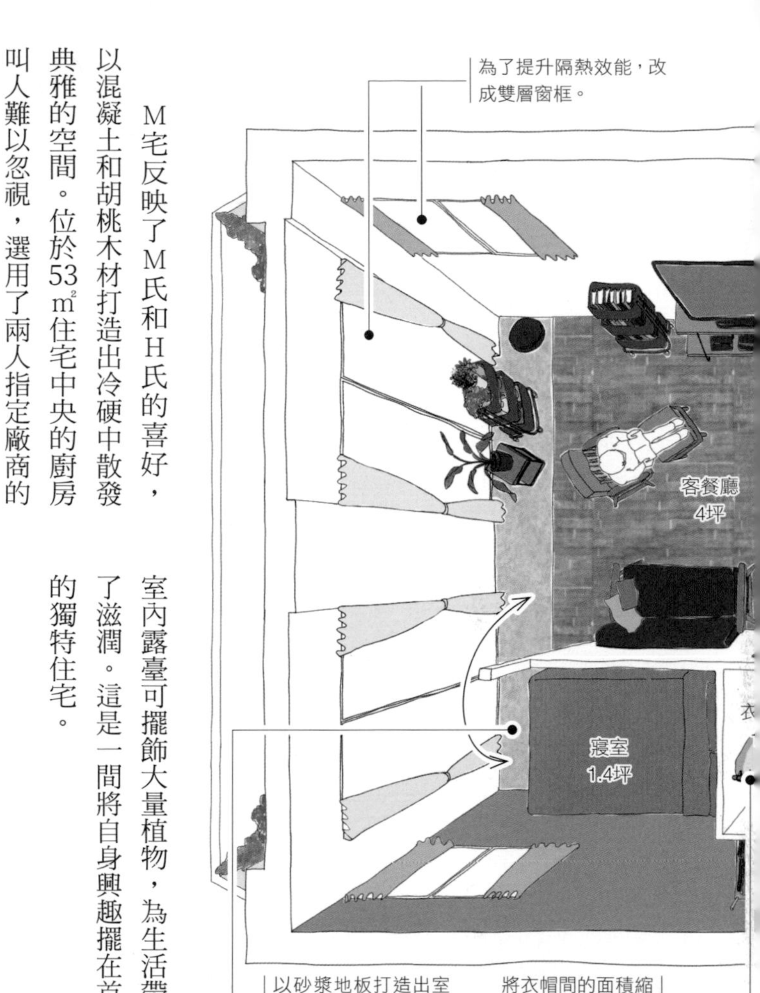

為了提升隔熱效能，改成雙層窗框。
客餐廳
4坪
寢室
1.4坪
衣
以砂漿地板打造出室內露臺，將戶外的氣息帶進起居室。
將衣帽間的面積縮到最小，僅收放嚴選物件。

M宅反映了M氏和H氏的喜好，以混凝土和胡桃木材打造出冷硬中散發典雅的空間。位於53㎡住宅中央的廚房叫人難以忽視，選用了兩人指定廠商的中島廚具。廚房以厚實材質妝點得如餐酒館一般，讓他們每天都很享受用餐。廚房正對面規劃了多功能空間，可供居家工作和重訓。之中擺放小巧的吧檯桌，保留可張開手臂訓練的寬敞程度。

室內露臺可擺飾大量植物，為生活帶來了滋潤。這是一間將自身興趣擺在首位的獨特住宅。

翻修動機與購屋關鍵因素

位置和資產性都想兼顧

M氏為了跟H氏兩人同住，開始著手打造住家。規劃時也預想未來會換宅，因此想買位置選擇偏多、資產性穩定的中古公寓，格局和裝潢當然都預設會翻修。

著名建築師設計的公寓老件

考量到資產性和未來出租方便，選擇了著名建築師所設計的公寓老件。這個兩房客餐廚的物件位置極佳，只要徒步2分鐘，就能抵達方便前往市中心的車站。浴室外圍原本環繞著混凝土塊牆面，顧及預算，而在翻修時拿來運用。

data

屋齡	實際坪數	建築結構	施工時長	家庭組成
49年	53.46㎡	SRC結構	2.5個月	情侶

COLUMN 4

翻修所能辦到的事項

翻修能為中古物件打造新面貌，
但究竟能變更到什麼程度呢？
本篇將會介紹翻修所能達成的事項。

point 1

公用區塊與專用區塊

公寓的空間分成公用區塊與專用區塊，公用區塊未經管委會許可不得變動。一般而言，包括隔開每一戶的地板、牆壁、天花板、陽台、玄關門、窗、整棟公寓都會用到的配管（豎管）等，都屬於公用區塊。

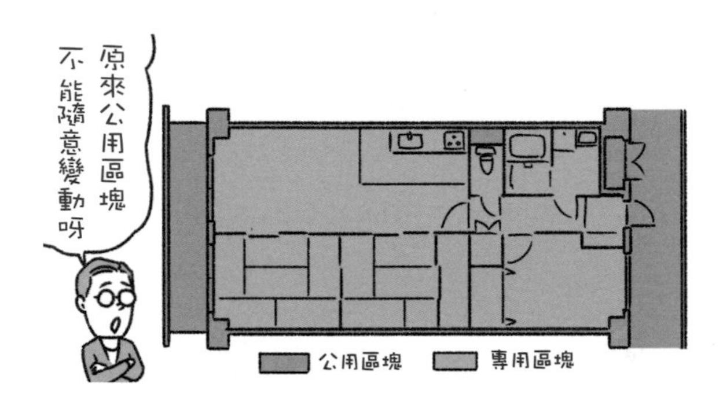

point 2

更新基本設備

專用區塊內的給排水管、瓦斯管、電配線都可以換成新品。確實更新這類基本設備，有助於提升居住的舒適程度和安心感。若想了解公用區塊的配管狀態，在找房的階段就要先行確認修繕計畫和修繕歷程。

公用區塊
專用區塊

point 3

從零開始重新規劃格局

翻修時可將原有的地板、牆壁、天花板全部拆掉，從只留下建築結構體（Skeleton）的狀態，從頭開始規劃格局。壁式結構的建築，住宅內可能會豎立著不能拆除的牆壁（結構牆），但只要翻修技巧夠好，仍能實現舒適的格局。

point 4

可以打造
專屬設備和家具

廚房、洗手台等家具都能訂製。另外還可以打造整面牆壁的書櫃、架高地板收納等家具和收納空間。

point 5

配合家具
來營造空間

如果想「在購屋時買家具」、「為新居搭配適合的家具」，只要在設計階段先跟設計師討論好，就能依照家具的尺寸和配置，規劃出最適合的空間。

point 6

做成智慧宅

所謂的智慧宅，就是結合外部服務，讓家電達到可聲控或自動化的住宅。近期除了掃地機器人，包括空調、照明、窗簾等各式各樣的項目皆能因應。只要在設計階段就訂定網路設備、智慧家電的位置，就能讓配線更俐落，進一步提升使用便利度。

point 7

自由使用
喜歡的材質

翻修的另一項魅力，在於能自由運用中意的裝潢材料。不過日本有些公寓的管理條例會規範禁止使用的地板材質，或指定隔音等級，必須事前確認。

能夠呼朋引伴的整潔單間

面積
39
m²

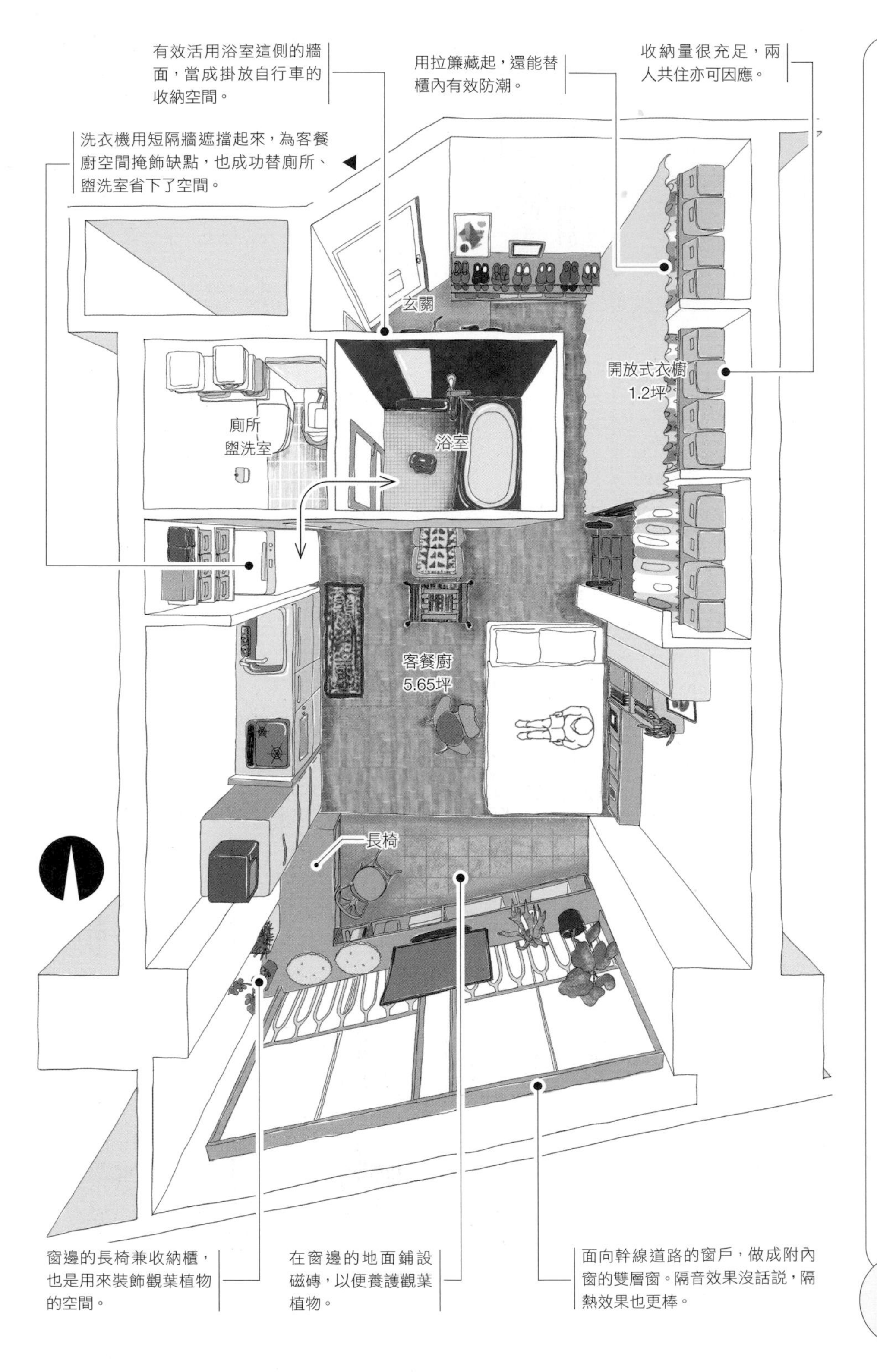

有效活用浴室這側的牆面，當成掛放自行車的收納空間。
用拉簾藏起，還能替櫃內有效防潮。
收納量很充足，兩人共住亦可因應。
洗衣機用短隔牆遮擋起來，為客餐廚空間掩飾缺點，也成功替廁所、盥洗室省下了空間。
玄關
廁所
盥洗室
浴室
開放式衣櫥
1.2坪
客餐廚
5.65坪
長椅
窗邊的長椅兼收納櫃，也是用來裝飾觀葉植物的空間。
在窗邊的地面鋪設磁磚，以便養護觀葉植物。
面向幹線道路的窗戶，做成附內窗的雙層窗。隔音效果沒話說，隔熱效果也更棒。

O氏將39㎡的物件改造成了能舉辦居家派對的單間。廚房、冰箱、洗衣機全部靠牆配置，窗邊打造兼具收納層架的長椅，因而得以寬敞運用有限的空間。據說此空間還曾一次招待15位以上的客人。浴室刻意往外拉，可避免從玄關就看見整個客廳。在這番安排下所產生的走廊，在牆邊設置了衣物收納空間，形成了大容量的開放式衣櫥。利用拉簾遮擋，開闔都輕鬆，也實現了招待客人時極需的「好整理」。方便整理的空間，當然也讓平時的日子相當快活。

翻修動機與購屋關鍵因素

被「住宅再利用」的思維所吸引

O氏認為「房租單純付出去就沒有了」，覺得相當可惜，因想「將租金變成資產」而買下房屋。O氏原本就很喜歡「重新利用」的文化，另外基於中古公寓的資產性比新屋穩定，而選擇翻修中古公寓。

以可能換屋的前提來挑選物件

O氏在買房時還是單身。預想結婚後也有可能換屋，於是以容易脫手、出租的地段為首要條件，最後在前往新宿、澀谷都很方便的地點，挑到了車站附近的物件。如今每月的房貸還款金額，變得比從前25㎡租屋處的租金還要少。

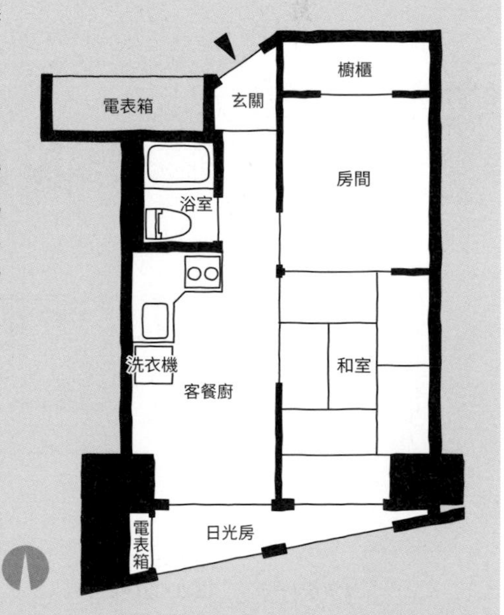

before

data

屋齡	實際坪數	建築結構	施工時長	家庭組成
43年	39.1㎡	SRC結構	2個月	單身

區分客用動線和家用動線，客人家人都舒適的家

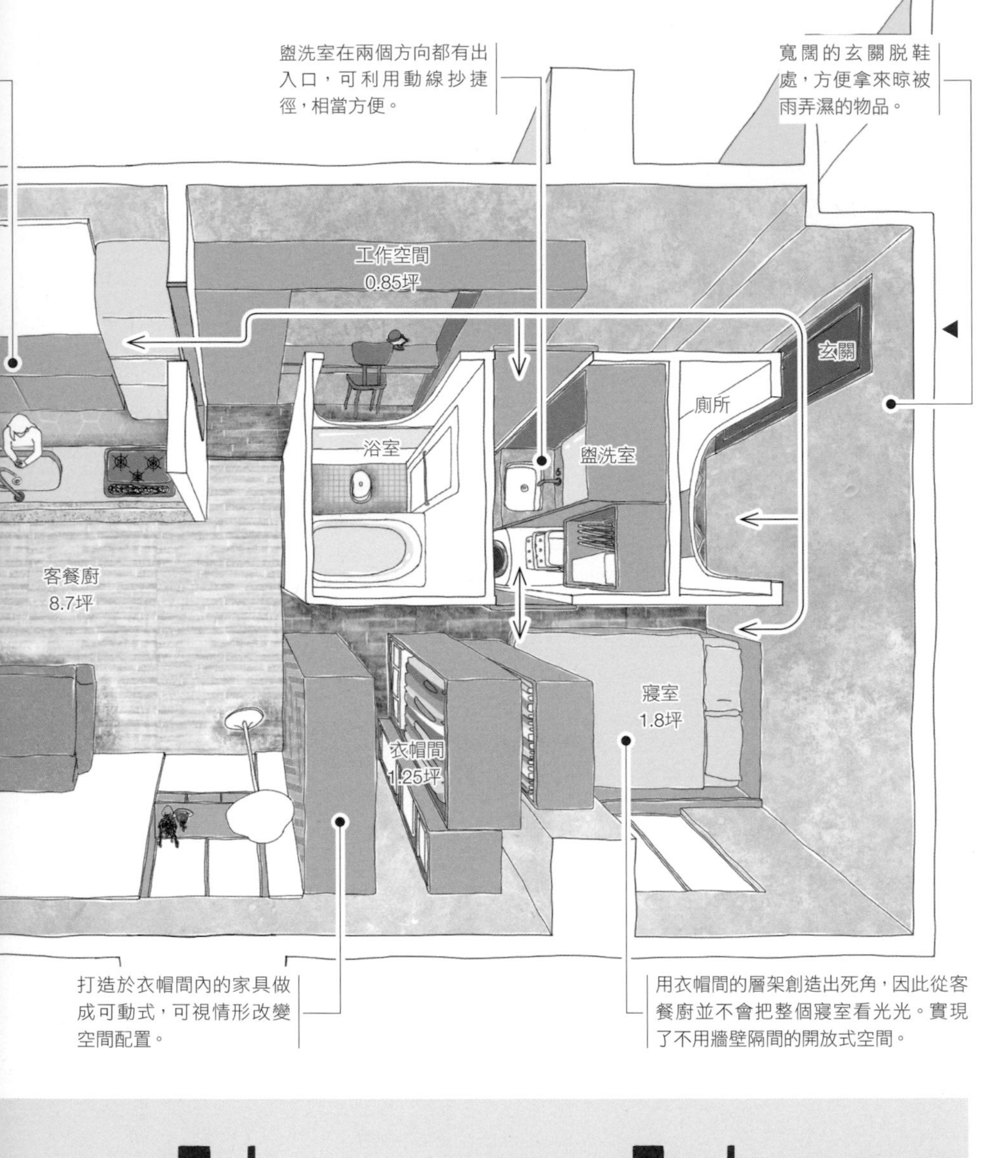

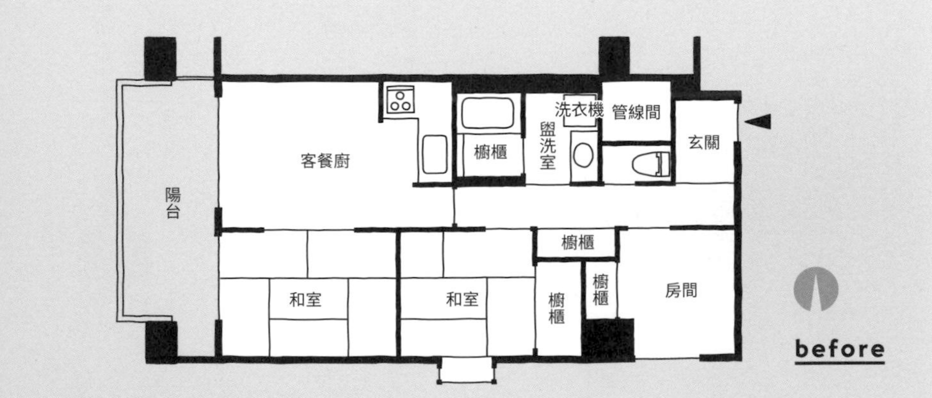

面積
56
㎡

Y氏表示「自從住進這個家，就更常邀人來玩了」。56㎡的住宅雖然小巧，無論有客人或平常生活都能過得舒適的祕訣，就在於能繞行盥洗室和浴室外圍的循環動線。連接至寢室的內部動線，要打理儀容或返家後更衣都極其方便。另一方面，直通客餐廚的外部動線，則是供客人使用的公共動線。從脫鞋處延續至家中深處的長走道，營造出了旅宿般的款待感。走廊的牆邊設置桌子，平時也會拿來當成工作空間使用。寬闊的客餐廚，在窗邊利用陽台跟室內的高低差來打造長椅。活用循環動線所營造出的空間，感覺起來比實際上還要寬敞。

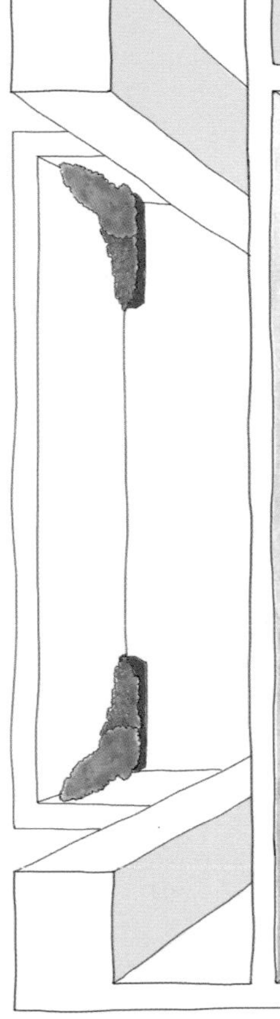
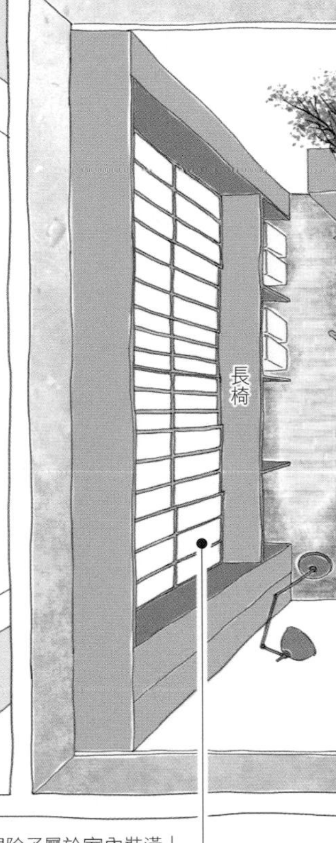

廚房從餐廳、走廊這兩側都可進出。陽台的光線會經出入口照至玄關。

紙拉門除了屬於室內裝潢外，也能有效提升空間的隔熱度。

翻修動機與購屋關鍵因素

在喜歡的地段買下出租住宅

Y氏一家人所翻修的物件，是原本所住的租屋處。由於很喜歡這個地段，並且聽聞屋主即將脫手，開始覺得「或許可以由自己買下」。他們抱著姑且一試的想法聯絡屋主，獲得了正向的答覆，由於價格和物件的資產性都可接受，於是決定買下。

改善不滿意的地方住起來更舒服

由於這是本來就在住的地方，Y氏明確知道「客廳太小不好用」、「窗邊很難進出陽台」等期望改善的要點。藉由翻修，除了可以解決這些問題，也能達成「有著循環動線的單間」、「未來能夠更動格局」等理想條件。

data

屋齡	實際坪數	建築結構	施工時長	家庭組成
35年	56.0㎡	RC結構	2個月	夫妻＋小孩（1名）

酒吧般的廚房，盡情享受夜景和美酒

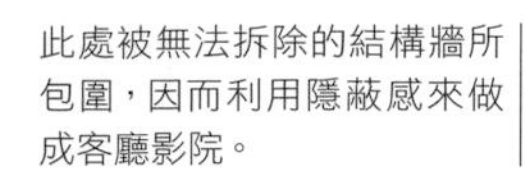

此處被無法拆除的結構牆所包圍，因而利用隱蔽感來做成客廳影院。

斜牆將視線引向客廳，從玄關門廳望去的視野也更加開闊。

為避免公共走道的人聲和動靜傳進寢室，而在面對公共走道的窗邊配置衣帽間。

做成百葉門以確保通風。

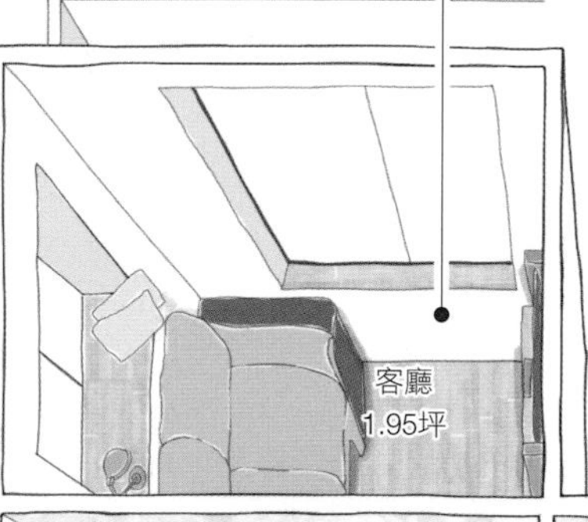

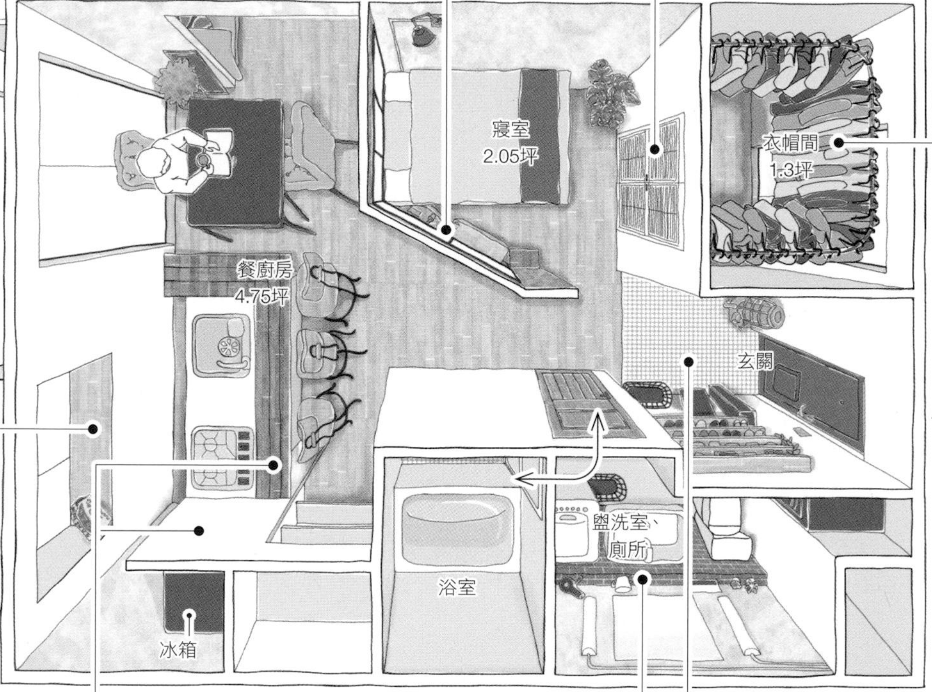

廚房的吧檯面向窗戶，可供客人欣賞夜景。利用牆面來隱藏冰箱等較具生活感的元素。

將盥洗室和廁所合而為一，以確保客餐廚足夠寬敞。洗手台背側加了檯面（凸牆），可以擺放物品。

寬敞的玄關足夠擺放許多鞋子。由於跟客餐廚之間沒有隔間，視線可從玄關一路望至廚房。

窗台既是裝飾層架，也可當長椅。

面積
49
m²

K氏因「想跟朋友看著夜景開心喝酒」而翻修了房屋。一走進玄關，在寬敞的門廳前方，馬上就是時髦的吧檯廚房和高處的超群景色。有著高吧檯的廚房，亦是當過酒保的K氏展現手藝的舞台。寢室和客餐廚的隔間牆，是以通常用來打底層基礎的OSB板（定向纖維板）和木造窗戶打造而成。混凝土牆和天花板、漆成焦茶色的木門、吧檯桌面等處彼此相襯，營造出了休閒而復古的空間。

K氏說自從開始在這個家中生活，就多了很多下廚的機會，以及欣賞電影、音樂的時間。在這個案例中，超乎日常的氣息，讓客人和居住者都十分舒適。

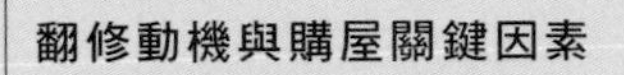

翻修動機與購屋關鍵因素

享受專為自己打造的空間

K氏「想試著在獨居期間享受自由生活」，因此透過翻修中古公寓，來營造符合個人喜好的住家。之所以選擇中古公寓，是因為價格比新屋划算，資產性也很穩定。

打造能盡情享受高處視野的格局

此物件位於K氏老家所在之處，輕輕鬆鬆就能呼朋引伴。公寓建於高處，視野上的魅力絕無僅有。原始格局被切得細碎，感覺十分窒塞，因此空間營造時的主旨，在於更加活用視野。

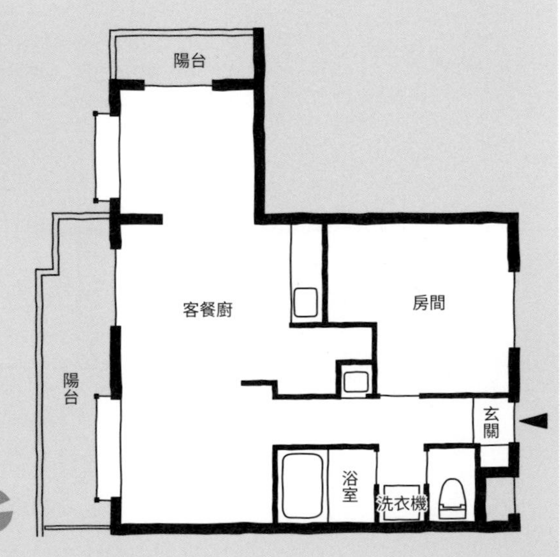

before

data				
屋齡	實際坪數	建築結構	施工時長	家庭組成
29年	48.8㎡	RC結構	2個月	單身

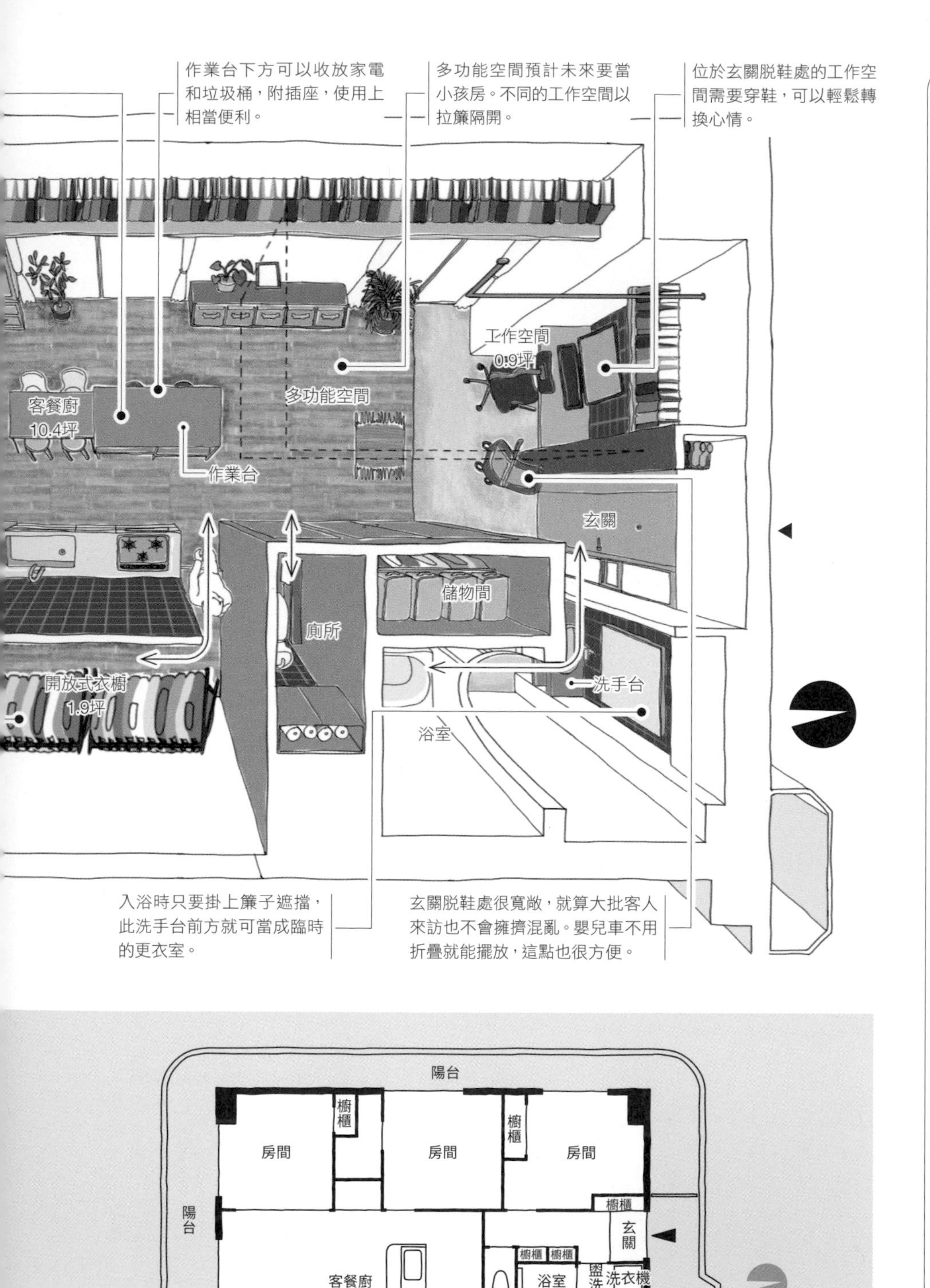

足以容納大批客人，也能隨生活變化的大空間

面積
70
㎡

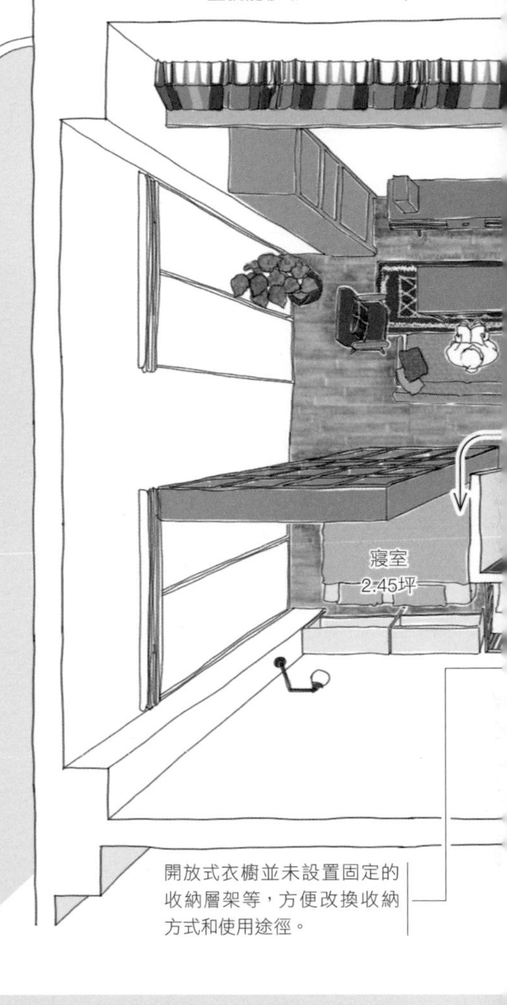

想改變作業台的陳設位置時，只要拿掉防滑裝置就能移動。
寢室
2.45坪
開放式衣櫥並未設置固定的收納層架等，方便改換收納方式和使用途徑。

S氏一家人渴望擁有大到能舉辦居家派對、且具調整性的空間。因此他們將70㎡的住宅連同玄關翻修成一整個單間，封閉場所只有浴室和廁所。開放式衣櫥的出入口不設門窗，寢室也只擺了可動式家具和簾子來隔開。不打造牆面收納等，以便自由變更家具的配置和空間的運用方式。擺放在客餐廚中央的作業台為移動式，可配合目的靈活運用，像是拿來擀披薩的餅皮、如到酒吧那般飲酒等。據說在春天時，他們都能欣賞到隔壁那塊地的櫻花。這個家往後將會配合著S氏全家的生活方式如何變化？讓人相當期待。

翻修動機與購屋關鍵因素

能在各條件中取得平衡的買房方式

S氏「想擁有符合自家人想望的居住環境」。可打造理想空間、工作育兒都方便的環境、容易脫手和出租的資產，能均衡滿足這所有條件的做法，就是選擇翻修中古公寓。

研討創造大空間的可能性規劃成休閒風

他們買下了雙面採光、三面陽台、鄰地綠意豐沛的邊間物件。S氏從一開始就想像著無隔間牆的大空間，先做了粗略規劃，並在確認有機會實現後才決定買下。房屋雖然有年紀，但已經證實符合耐震標準，亦是購屋的一項推力。

data

屋齡	實際坪數	建築結構	施工時長	家庭組成
41年	70.4㎡	SRC結構	1.5個月	夫妻＋小孩（1名）

可以住的餐廳：日常和非日常都盡興

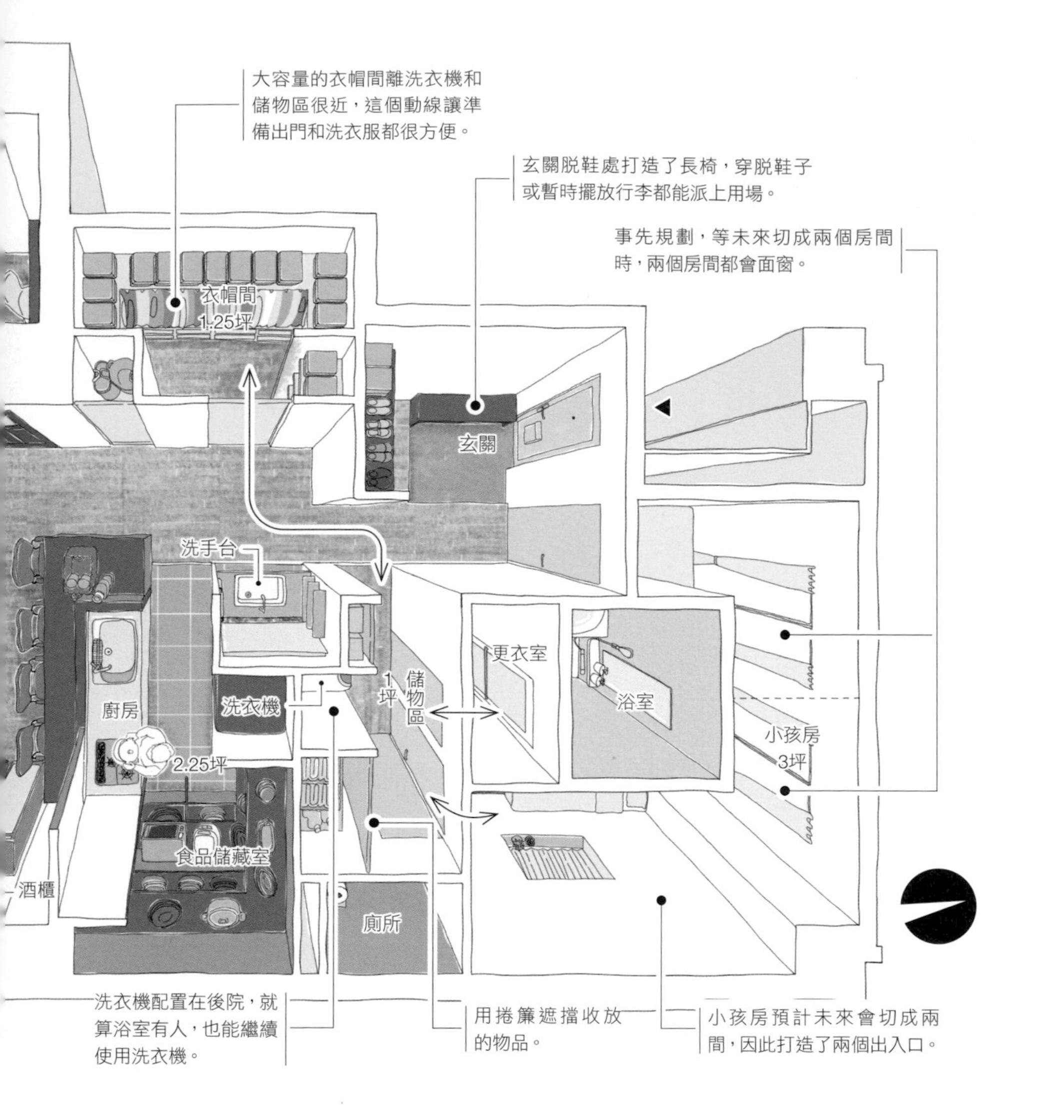

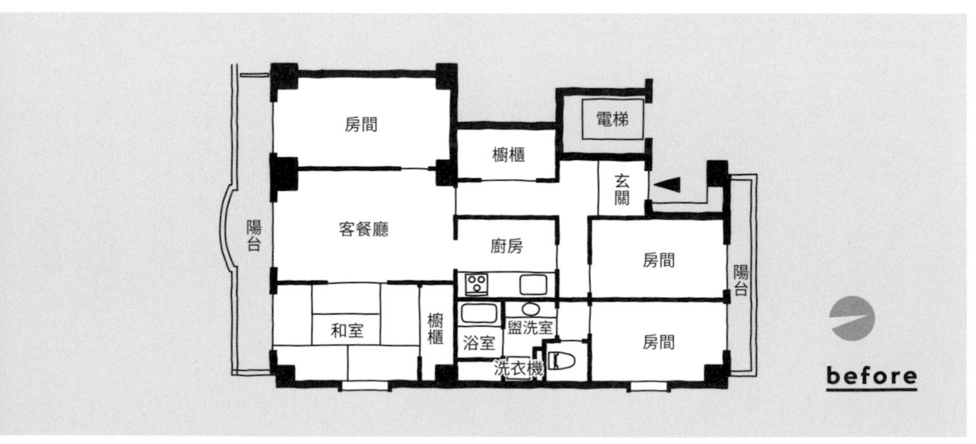

面積
89
m²

S氏夫妻將住家營造的主題訂為「能夠留宿的餐廳」。廚房吧檯足夠寬敞，一字排開六人份的椅子。東側窗邊打造備有酒櫃的酒吧區和長椅，造就足以接待大批客人居家聚會的客餐廚。容易顯露生活感的日用備品，都存放在廁所前方的儲物區；使用頻率較高的衣帽間，也獨立規劃在廚房旁。寢室省去櫥櫃，做成了飯店般的空間。此外，客餐廚的照明採用智能燈具，可透過遙控器操作。空間能隨心情改變色光和亮度，讓休假日錯開的夫妻倆得以在夜裡共享精彩的片刻。

寢室
4坪

客餐廳
7坪

長椅

窗邊的層架收放了酒櫃和葡萄酒杯，一部分做成長椅。

翻修動機與購屋關鍵因素

比較過好幾間物件 明確擬出無法退讓的條件

S氏一家人從出租公寓新成屋搬至中古公寓，透過翻修來構築自宅。在入內看過好幾間房子之後，他們明確理解到「寬敞」和「視野」是無法退讓的條件。最終他們選擇了之中最大、能從窗戶看見開闊景色的物件。

重視寬敞 選擇郊區物件

他們渴望可供悠然居住的面積，買下了建於郊外約90㎡的邊間。感覺只需要調整廚房的配置，以及切得太小的房間比例，就能獲得開闊的客餐廚。規劃格局時也將重點放在活用三面採光，創造優良的通風環境。

data

屋齡	實際坪數	建築結構	施工時長	家庭組成
39年	89.37㎡	SRC結構	2.5個月	夫妻＋小孩（1名）

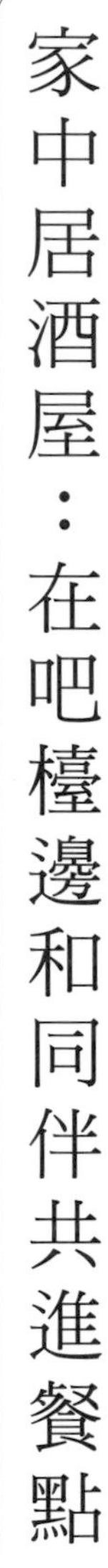
家中居酒屋：在吧檯邊和同伴共進餐點

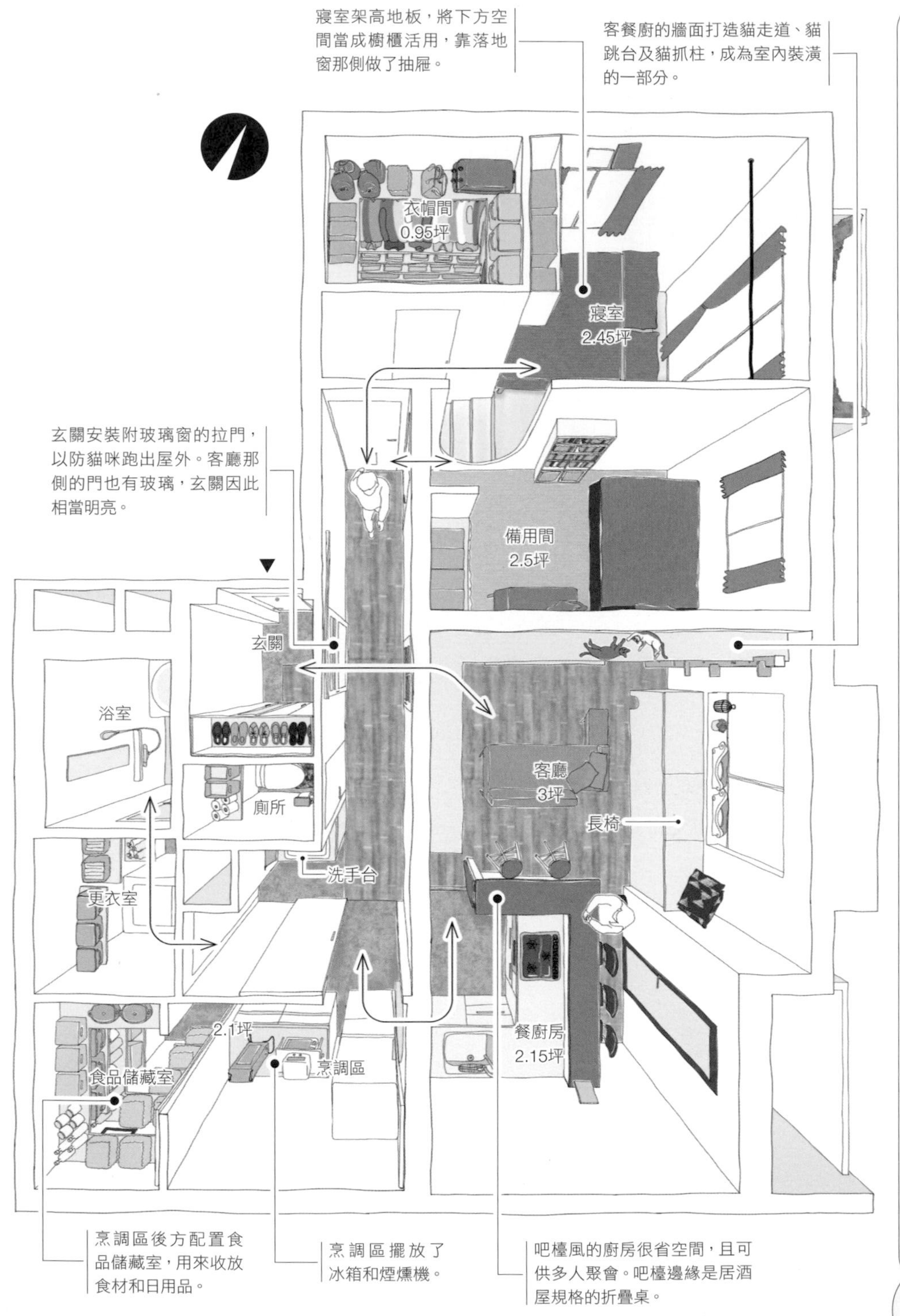
寢室架高地板，將下方空間當成櫥櫃活用，靠落地窗那側做了抽屜。
客餐廚的牆面打造貓走道、貓跳台及貓抓柱，成為室內裝潢的一部分。
衣帽間
0.95坪
寢室
2.45坪
玄關安裝附玻璃窗的拉門，以防貓咪跑出屋外。客廳那側的門也有玻璃，玄關因此相當明亮。
備用間
2.5坪
玄關
浴室
客廳
3坪
廁所
長椅
洗手台
更衣室
2.1坪
餐廚房
2.15坪
食品儲藏室
烹調區
烹調區後方配置食品儲藏室，用來收放食材和日用品。
烹調區擺放了冰箱和煙燻機。
吧檯風的廚房很省空間，且可供多人聚會。吧檯邊緣是居酒屋規格的折疊桌。

面積
66
m²

愛煮菜的Ｉ氏夫妻將住處翻修過後，屋內主角正是能在烹飪時邊跟客人聊天的L型吧檯廚房。吧檯高度跟常去的居酒屋相同，也是最適合站著喝酒的高度。廚房深處配置調理區，能夠製作平常愛做的煙燻料理。這是配備煙燻機專用抽風設備的正規空間。客廳窗邊打造坐起來很舒適的長椅，愛貓的便盆和玩具都會收在裡頭，讓空間保持清爽。走道配置洗手台，除了方便客人洗手，兼可藏起用水區所帶來的生活感。先生說「自從住進這個家，就更常在家吃飯了」，家中居酒屋令人非常享受。

翻修動機與購屋關鍵因素

買下能當資產留下的家

自從兩隻貓成為家中一分子，家裡就變得太小，令Ｉ氏夫妻興起換屋的念頭。在尋找寬闊租屋處的過程中，他們開始考慮擁有能當資產的住家，最後走向買房。兩人在電視節目上得知翻修中古公寓的做法，覺得能按喜好打造格局和裝潢相當吸引人。

令人感到安穩的低樓層公寓

能搭公車前往喜歡的街區、周遭環境安定平和、公寓氣氛符合所好，他們所選中的物件，是總戶數較少的低樓層公寓。由於客廳周圍的牆壁是不能破壞的結構牆，在翻修時需要講求巧思。

before

data

屋齡	實際坪數	建築結構	施工時長	家庭組成
36年	65.59㎡	RC結構	2.5個月	夫妻＋貓（2隻）

讓人渴望來訪的家：宴會客廳和休憩玄關

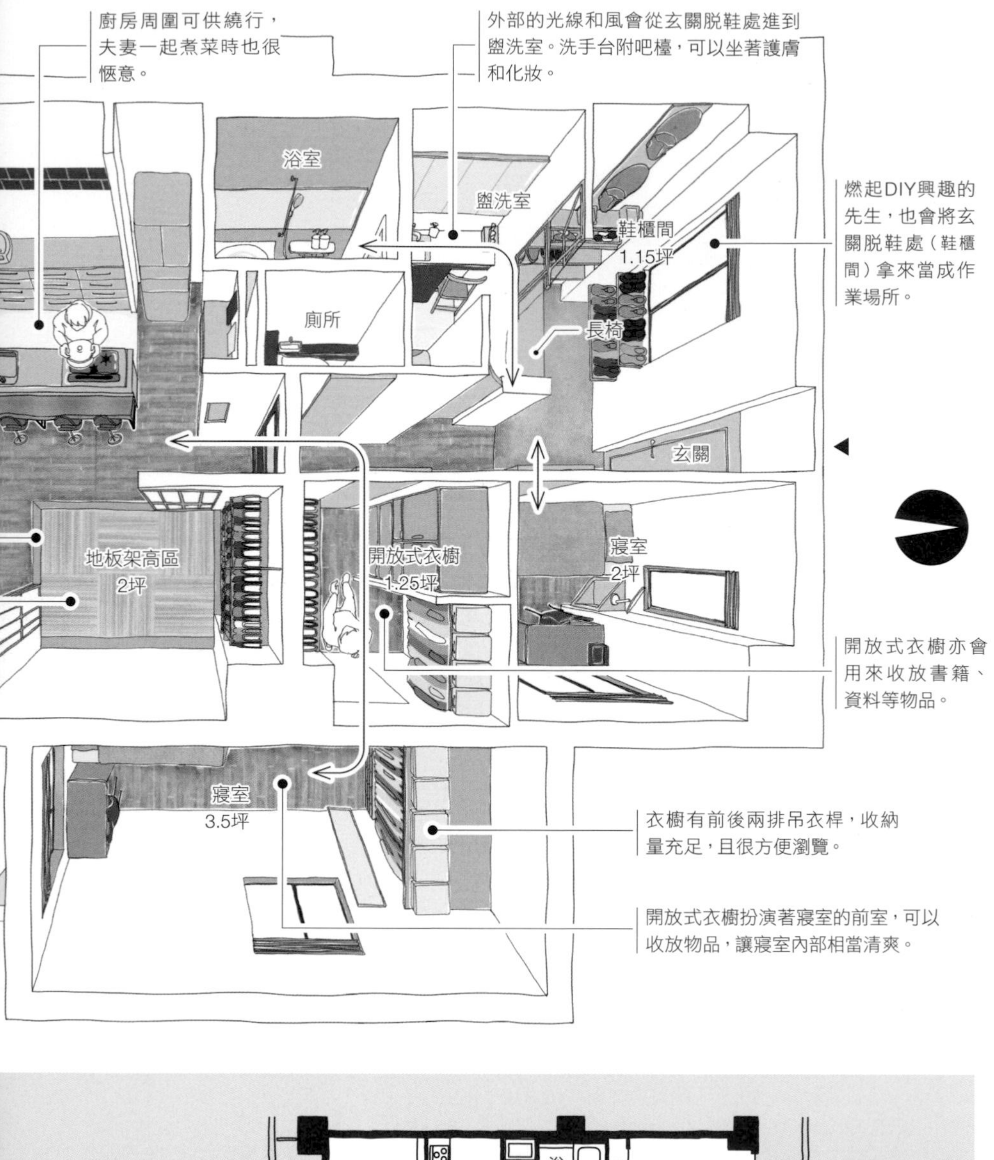

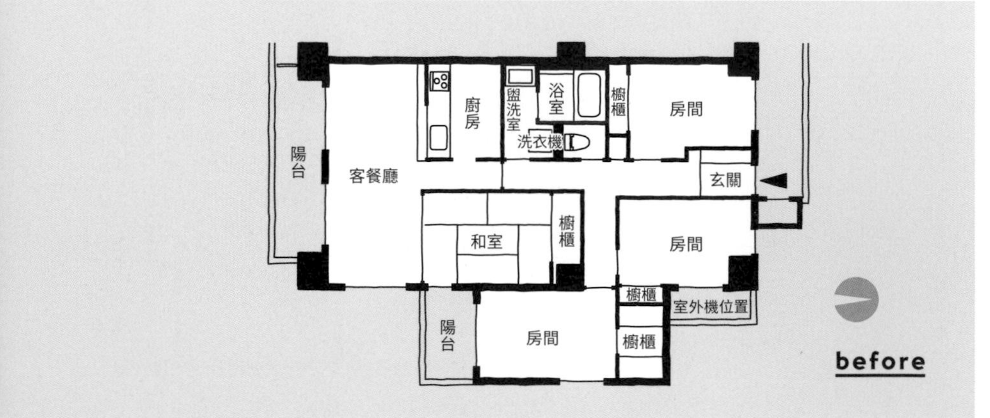

面積
90 m²

N氏夫妻在孩子獨立離家後，趁機翻修了自宅。廚房採用如餐酒館一般的吉野杉吧檯，可在該處飲酒；榻榻米架高區則可用來打麻將，成功打造出了充滿遊興、能呼朋引伴同樂的客餐廚。配置於住家中央的儲物間兼開放式衣櫥，成就了方便邀請大量客人的清爽空間，大量的書本、文件、衣物等都收於此處，讓住家變得整潔，好管理又好收拾。吸引客人來訪的另一項巧思，就是有著長椅又寬闊的玄關脫鞋處。在這個休憩位置，可跟來訪的鄰居、朋友一起坐著輕鬆談話。這間住宅重視著與他人的交流，可以享受熱鬧的晚年生活。

翻修動機與購屋關鍵因素

想跟朋友們共度歡樂的晚年

N氏夫妻的孩子獨立離家，只剩兩個人同住，由於「希望空間裡環繞著自己喜歡的物品，並能過著跟親密友人歡樂用餐飲酒的生活」，而走上翻修一途。

改造四房客餐廚配合夫妻兩人的生活型態

從前的屋內格局，在與孩子共住時相當合適，但自從剩下夫妻兩人，房間明明空出來了，客餐廚卻深陷被各種物品給淹沒的狀態。除了足以招呼客人的玄關和客餐廚之外，他們也想打造方便收拾的櫥櫃。

data

屋齡	實際坪數	建築結構	施工時長	家庭組成
21年	90.0㎡	SRC結構	2.5個月	夫妻

以L型玄關悠然迎接來客

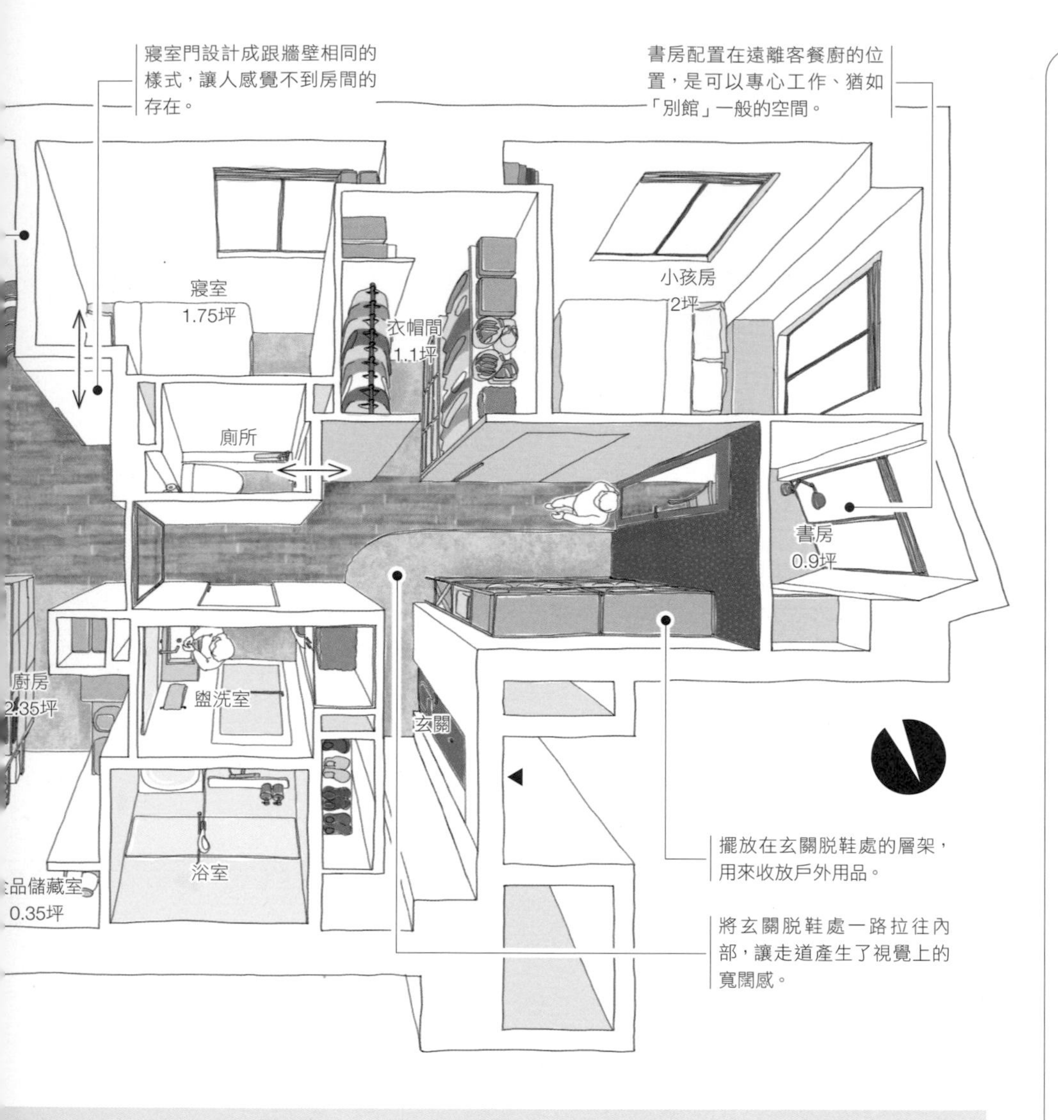

面積
89
m²

Y氏夫妻提出要求，想擁有一個能開派對的家。壁式結構的物件有著不能打掉的牆壁，設法讓客餐廚達到最大面積後，全不鏽鋼的時髦餐廳便成了空間中的主角。極力排除生活感，在悠然擺放大餐桌和沙發的客餐廚所度過的時光，在接待客人時自是當然，包括全家團聚時也很愜意。將客人迎進這番客餐廚之中的，是一座L型的玄關。在這樣安排下，不須移動難以變更位置的用水區，就能打造出寬闊的玄關。將玄關脫鞋處一路拉伸到內部，縮短了從該處前往客餐廚的動線。多虧了從工作空間窗戶照入的光線，玄關也不會太暗。

客廳牆壁的一部分露出混凝土牆體，讓整體裝潢跟不鏽鋼材質的廚房更加相襯。
窗簾不掛在窗戶上緣，而是從天花板邊垂吊下來，以強調天花板的高度。
客廳
6.75
舒適的餐廳，會從窗邊映入溫和的葉隙陽光。
餐廳
2.5坪
廚房吧檯靠餐廳那側做成整面櫥櫃。另外也設置食品儲藏室，讓物品不會輕易顯露在空間之中。

翻修動機與購屋關鍵因素

想要一嘗翻修之樂

據說Y氏夫妻一直都對翻修抱有興趣。由於認為「用租的找不到足夠滿意的住處」，而投入中古公寓翻修，打造理想的住宅。

挑選物件時 連基本設備都確實檢查

兩人買下的物件，是約89㎡的邊間住宅。此物件除了位置佳、面積大，就連給排水管等公用設備的管理狀態都很良好，成了決定購屋的關鍵因素。原始格局將空間切得很細，且玄關狹窄。另外，雖然盥洗室和廁所內有著管線間（PS）和不能打掉的結構牆，在設計時仍然設法活用三面採光所帶來的好通風與採光來規劃格局。

data				
屋齡	實際坪數	建築結構	施工時長	家庭組成
21年	88.87㎡	RC結構	2.5個月	夫妻＋小孩（1名）

在光線充足的大空間內圍坐大餐桌

A宅很重視餐桌，將沙發朝著餐廳、廚房擺放。客廳的中央並不只有電視。

架高型的遊樂場，下方做成寢室。

多功能空間讓玄關更寬闊，並能使光線能夠抵達走道。等到小孩長大，也可以將此處做成房間。

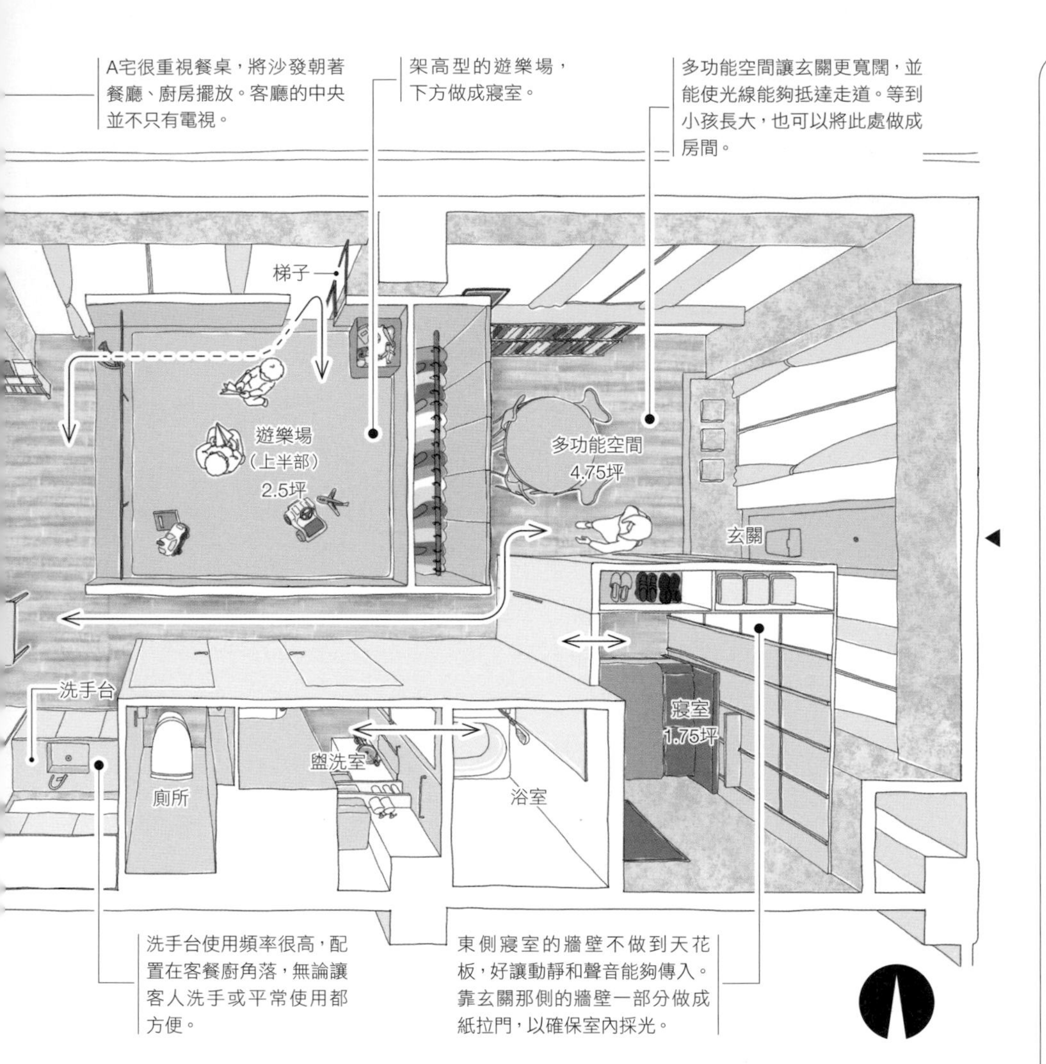

洗手台使用頻率很高，配置在客餐廚角落，無論讓客人洗手或平常使用都方便。

東側寢室的牆壁不做到天花板，好讓動靜和聲音能夠傳入。靠玄關那側的牆壁一部分做成紙拉門，以確保室內採光。

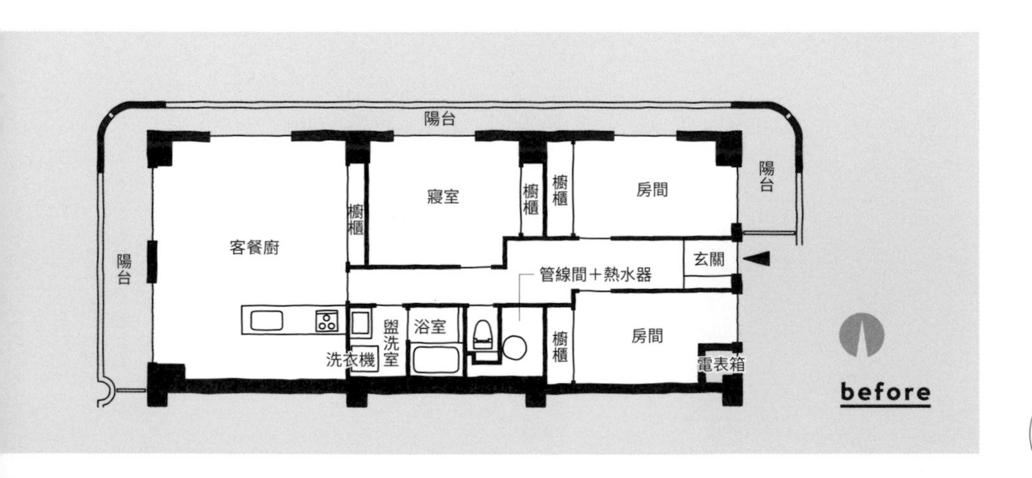

面積 92㎡

A宅的格局就像在大箱體之中，放進一個個小箱體那般。為求將窗外的光線帶入室內，而形成這般獨特的廳室配置。寢室的牆壁不到天花板的高度，在牆上產生縫隙，讓空間感覺更加寬敞。對A氏一家人而言，生活的核心是用餐。坐鎮於客餐廚、長4公尺的餐桌，便是象徵著此事的交流舞台。多功能空間是迎賓的玄關，亦是居家工作和小孩念書的多用途空間。不使用牆壁來隔間，除了光線和風，包括聲音和動靜都能傳至整個家中，形成了開闊又帶有親密感的居所。

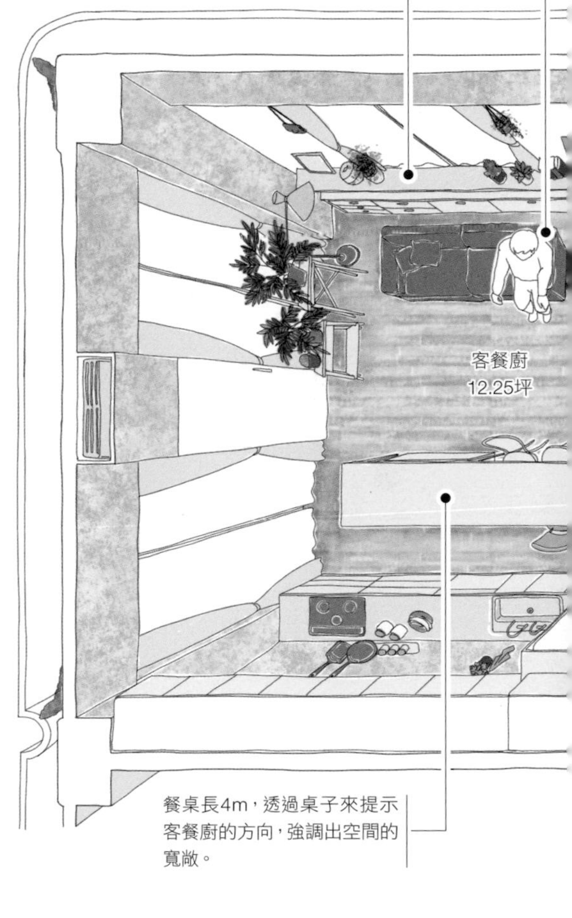

配合半腰牆的高度，在窗下打造長長的層架。此層架可以強調出客餐廚橫向的寬闊。
客餐廚
12.25坪
餐桌長4m，透過桌子來提示客餐廚的方向，強調出空間的寬敞。

翻修動機與購屋關鍵因素

在偶然的際遇下展開中古公寓翻修

A氏一家人曾經鎖定尋找郊外的獨棟住宅。在那期間偶然遇見了三面採光、面積92㎡的邊間公寓物件。A氏感覺「有了這樣的面積跟採光，也能達成跟郊區很不一樣的都會型歡樂生活」，於是當天就入內看屋，決定買下。

在生活方便的地段擁有明亮寬敞的家

「坐落在生活便利的地點，價格卻格外親民」、「是熟悉的地區」、「公寓的建商令人放心」等因素，都為此次看重直覺的買房推波助瀾。此處原是三房客餐廚、相較起來不致窄仄的格局，但A氏想打造出沒有暗處的寬闊住處，因此重新改為一體成形的布局。

data

屋齡	實際坪數	建築結構	施工時長	家庭組成
36年	92.0㎡	RC結構	2.5個月	夫妻＋小孩（2名）

COLUMN 5

透過翻修，打造對環境無害的環保住宅

環保住宅對家計和健康都有益，並且相當舒適。
此外在營造住家的過程中，也有一些個人能夠努力達成的永續發展目標（SDGs）。
要不要趁著翻修的機會，試著改裝隔熱設施、引進節能設備呢？

point 1

透過翻修減少二氧化碳排放量

日本政府在2020年宣言，目標「在2050年之前達到溫室氣體實質零排放」（Carbon Neutral，碳中和），且也設定了到2030年為止的二氧化碳減排目標，要求各界大幅減少排放。翻修的特徵是比起作廢＆從頭建造，對環境造成的負擔比較少。舉例而言，將一棟鋼筋混凝土公寓拆掉蓋成新屋，跟拿來翻修相比，後者的二氧化碳排放量最多可以降低76%、產生的廢棄物最多可減少96%。一戶所減排的二氧化碳，竟可匹敵7500棵杉樹在一年間的吸收量〔※1〕！翻修可以讓既有的建築物派上用場、長久使用，可說是放眼未來的一種選項。

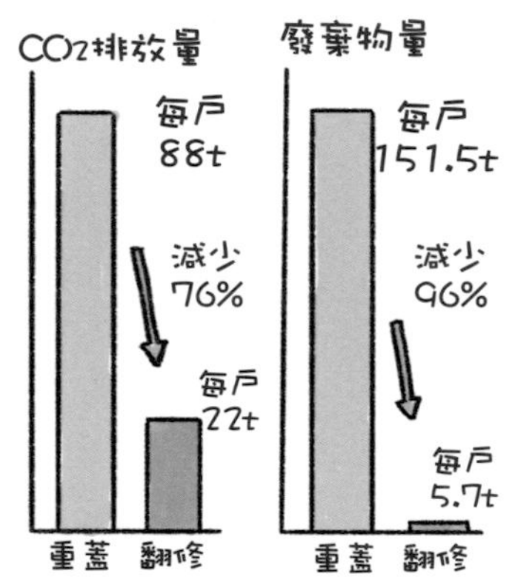

＊拆除重建與翻修之CO_2排放量比較〔※2〕

point 2

高效隔熱好處多多

冷暖氣所消耗的能源量約占家戶耗能的30%。因此若能藉由高效隔熱，減少住宅內的熱損失，即可省下大量能源。提升了隔熱性能，在寬闊的空間內只需要一台冷氣即可調溫，因而更有可能打造出大空間，在格局設計上也更加自由。

point 3

節能住宅的補助金與點數制度

日本中央政府和各地方政府，都推出了各式各樣的住宅節能補助制度。只要符合特定標準，有些可獲得兌換商品用的點數，有些則可獲得補助金、減稅優待等，在規劃住家時，不妨確認看看是否有划算的制度。

※1）根據日本林野廳的試算，經適當維護、樹齡36～40年的杉木人工林，推測每公頃（1000棵立木）在一年間所吸收的二氧化碳量約為8.8噸（可換算為每棵8.8kg）。

point 4

增進隔熱的重點在於外牆和窗戶

如果是公寓，跟隔壁戶相接的牆面不太會發生熱損失，因此重點在於加強外牆隔熱。此外，熱能最常進出的窗戶，亦是隔熱的重點所在。不過由於窗戶屬於公用區塊〔參照P92〕，絕大多數都無法改換窗框。此時只要運用在內側加裝高隔熱性窗框的「雙層窗框」等手法來處理即可。

point 5

更新設備會更節約＆環保

近年住宅設備的節能技術進步不少，光是把舊設備更換成新品，就已能節省能源。代表性的例子包括LED燈、系統式衛浴、省水馬桶等。其中LED燈的節能效果尤其優異，據説消耗電力僅約白熾燈泡的20%左右。

point 6

挑選特定的環保材質

持續保養、長期使用同一項物品，可以守護重要的資源。舉例而言，採用表面可重複粉刷修補的裝潢建材、面貌會逐年變化的原木地板等，挑選能自行維護的天然材質來使用看看，也是不錯的選擇。

※2）「北習志野台計畫」既有建築解體、設計監管、製造建材、建造等各階段的二氧化碳排放量比較。出處：《翻修所能帶來的二氧化碳排放量及廢棄物產生量的削減效果》（RENOVERU團隊、金澤工業大學佐藤考一研究室、國士館大學朝吹香菜子研究室）

被書本和衣物環繞的書房

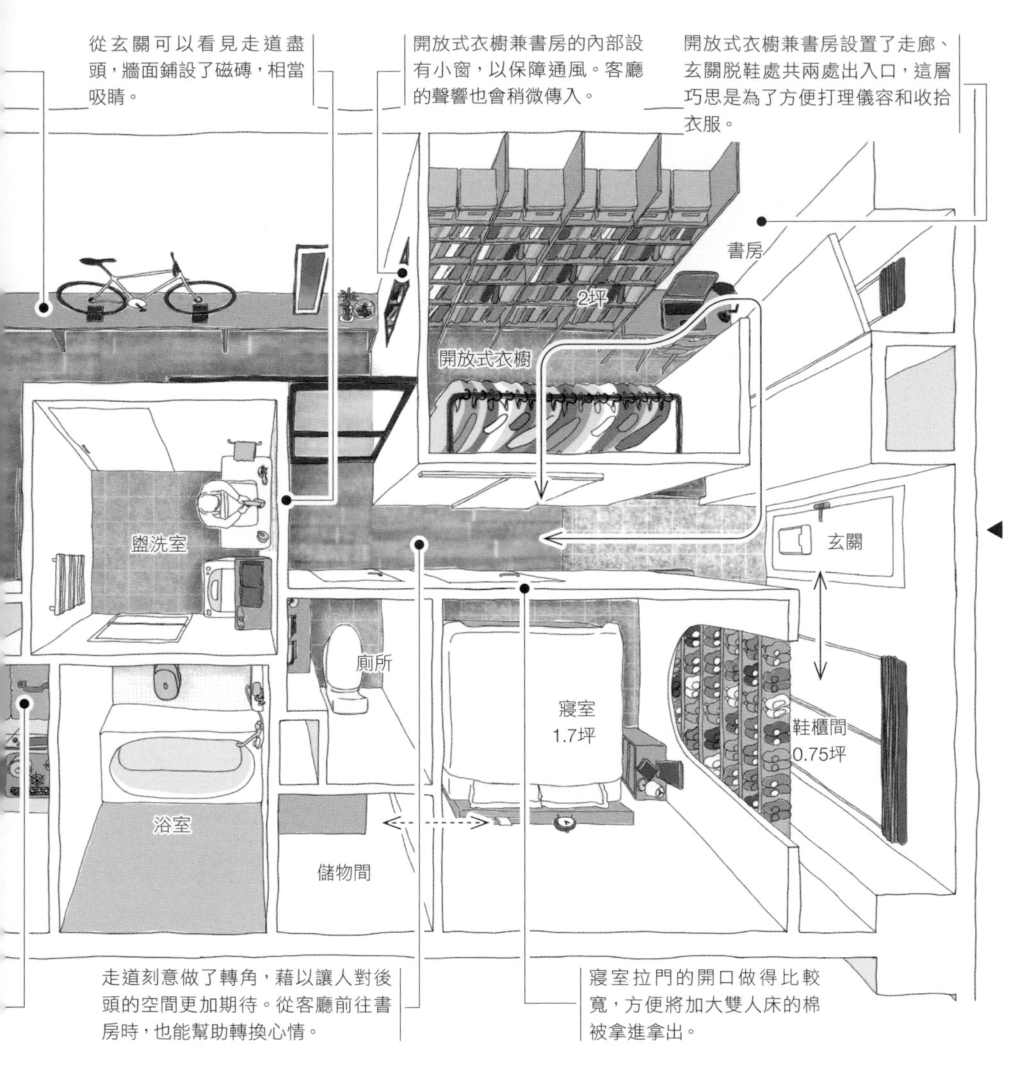

面積
67
m²

S宅將書房和藏書室置入開放式衣櫥的空間內，營造出能放鬆棲身的環境。此處跟客餐廚和寢室確實切分開來，是個有助於專心工作的空間。另一方面，客餐廚則著重愜意感，在明亮通風的陽台這側保留了一整塊寬敞的空間，以求舒適地度過休息時光。S氏夫妻「想要能按個人意志配置喜愛家具的空間」，而選擇翻修中古公寓。兩人配合入厝時新買的家具來決定牆壁位置，並選定了室內裝潢的色系。自從在新居展開生活，S氏夫妻覺得更能細細品味家中的擺設了。環繞著喜愛物品的生活，過起來相當開心。

固定式長椅兼作電視櫃和收納櫃。可以裝飾喜愛的物品，也可當成閱讀用的休憩區。

客餐
5.5坪

廚房
1.5坪

存放食品用的小層架，打造在客廳、餐廳的視線死角。除了很方便，也讓屋內更整齊。

翻修動機與購屋關鍵因素

不想放棄「憧憬的生活」而選擇翻修

S氏夫妻希望能生活在想住的街區，住進符合所好的空間；同時也不想放棄最愛的旅遊和邊走邊吃。由於期望地區的新建案並不符合期望預算和格局，因而選擇翻修中古公寓。

有缺陷的物件能透過翻修來解決缺點

兩人「發現了一個物件，面南、日照佳，價格也比市面行情還便宜！」，但也馬上發現之所以便宜，是因為屋內留有寵物的氣味。不過因為本來就打算把原有裝潢全部拆掉以重新打造空間，因此不成問題。正因為預計要翻修，這裡更稱得上是個條件良好的物件。

data

屋齡	實際坪數	建築結構	施工時長	家庭組成
18年	66.96㎡	SRC結構	2個月	夫妻

為假日錯開的夫妻打造雙重客廳

為了能將衣物囤起來一起洗，而在更衣室保留了充分的收納空間。熨燙檯面上方有著晾衣繩。

在走道上配置方便的洗手台。讓各廳室兼具不同功能，亦可有效活用空間。

拉上紙拉門，就能馬上產生旅宿般的沉靜氣息。營造風情各異的空間，可供轉換心情使用。

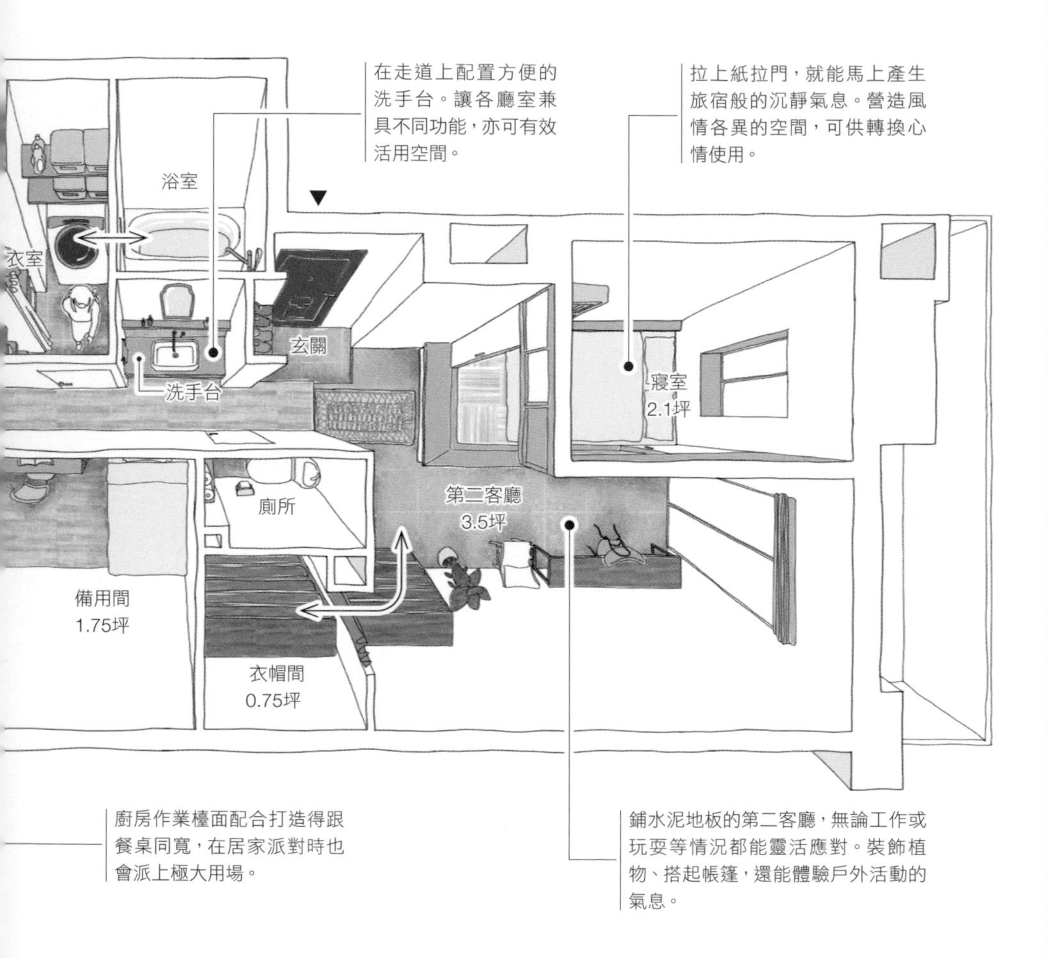

廚房作業檯面配合打造得跟餐桌同寬，在居家派對時也會派上極大用場。

鋪水泥地板的第二客廳，無論工作或玩耍等情況都能靈活應對。裝飾植物、搭起帳篷，還能體驗戶外活動的氣息。

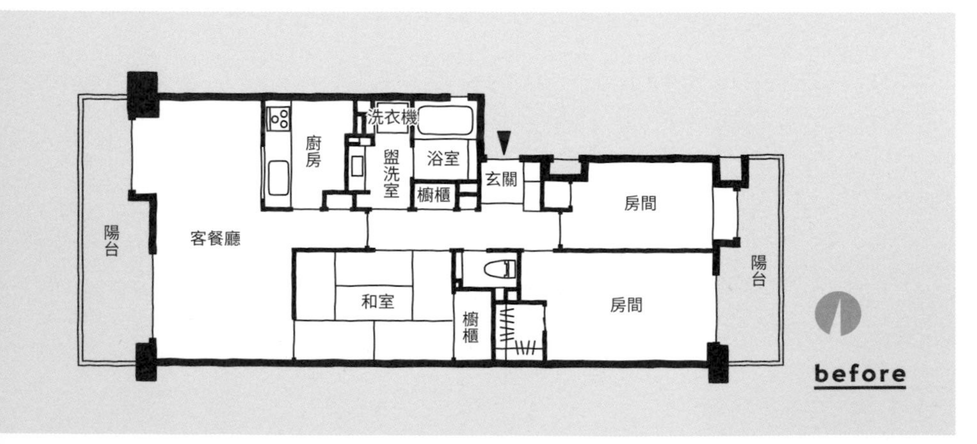

面積 73 m²

I宅的北歐風客廳鋪著木地板，和式摩登的第二客廳則有架高地板榻榻米＋鋪水泥地板的空間。隔著玄關彼此相望的兩個客廳，是因I氏夫妻休假日期錯開，為求「在某處放鬆時不會打擾到彼此工作」所誕生的空間。工作空間配置於遠離客廳的第二客廳，因此就算在客餐廚看電視等也不要緊。當夫妻的假日彼此兜上時，第二客廳同樣也是看電影、品茶、享受居家派對的空間。當兩人的起床與就寢時間不一致時，據說備用間也會變成第二寢室。這間住宅充滿了忙碌雙薪夫妻對彼此的貼心，住起來很有彈性。

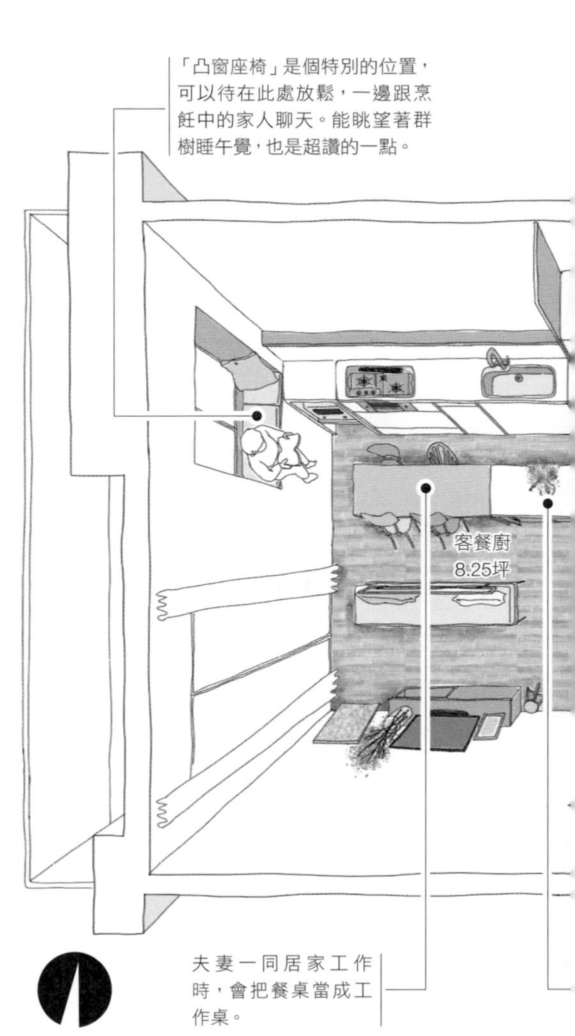

「凸窗座椅」是個特別的位置，可以待在此處放鬆，一邊跟烹飪中的家人聊天。能眺望著群樹睡午覺，也是超讚的一點。
客餐廚
8.25坪
夫妻一同居家工作時，會把餐桌當成工作桌。

翻修動機與購屋關鍵因素

渴望擁有不必勉強或忍讓的自宅

I氏夫妻希望擁有能兼顧工作和育兒的居住環境，且在生活中保有享受興趣的餘裕。要打造理想的家，翻修中古公寓是很適合的做法。

以「愜意放鬆的時光」為概念來找房子

I氏夫妻在尋覓物件時，最注重能享受居家時光的面積，以及視野。兩人將對空間營造的需求事先傳達給翻修公司的窗口，藉以篩選物件，最終找到了一間符合想像的房子。視野極佳，能夠完美實現「在凸窗座椅享受放鬆時光」的心願。

data

屋齡	實際坪數	建築結構	施工時長	家庭組成
23年	73.0㎡	RC結構	2.5個月	夫妻

有甜點工坊和家庭辦公室的家

為了求未來能夠增設小孩房，設計成從盥洗室和開放式衣櫥這兩側都能進出。

家庭辦公室只要打開拉門，就會跟玄關脱鞋處合為一體，形成寬廣的可運用空間。

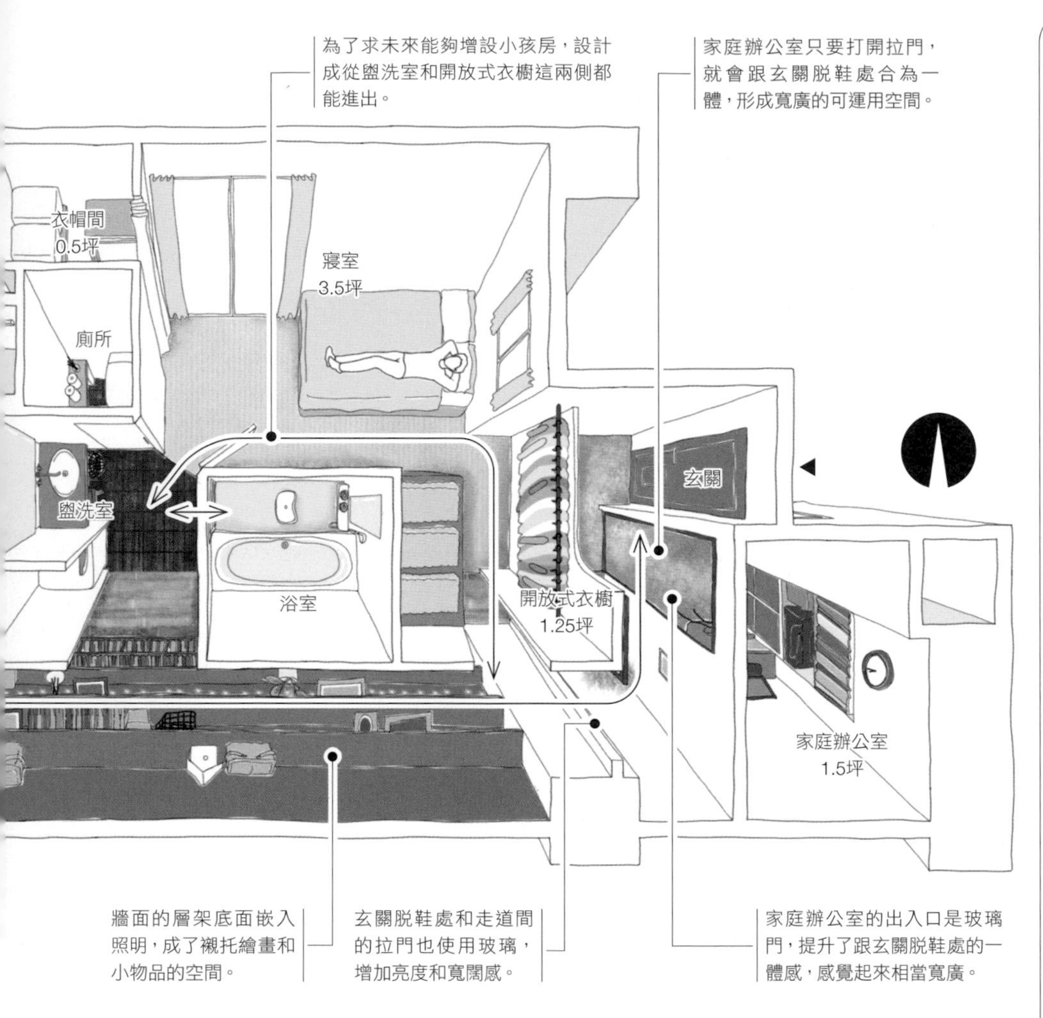

牆面的層架底面嵌入照明，成了襯托繪畫和小物品的空間。

玄關脱鞋處和走道間的拉門也使用玻璃，增加亮度和寬闊感。

家庭辦公室的出入口是玻璃門，提升了跟玄關脱鞋處的一體感，感覺起來相當寬廣。

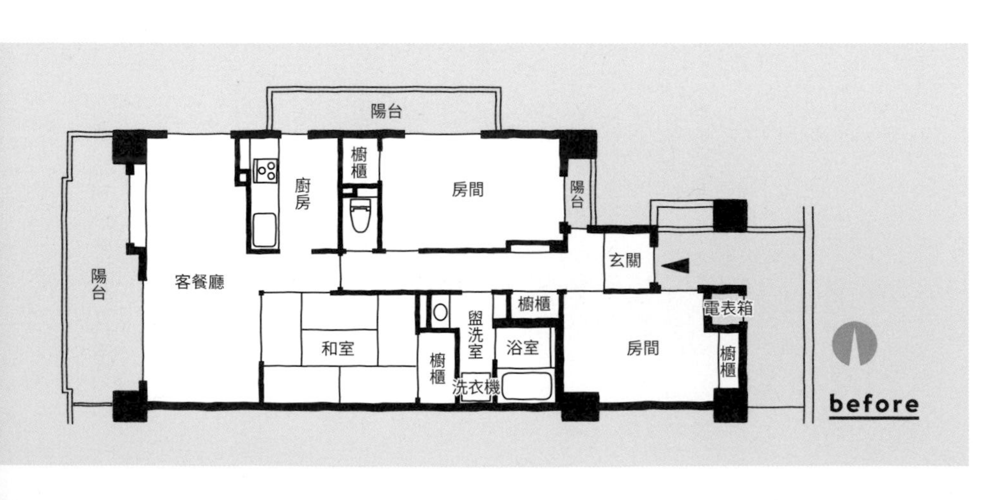

面積
75
m²

※房屋用途等相關事項，必須確認公寓的管理條約。若用途並非居住，可能需要跟管委會協調。

先生是插畫家、太太有做甜點的興趣，兩人藉著購屋的機會離家自立，與兒子一同居於M宅。玄關旁約1.5坪的空間，是先生的工作室（家庭辦公室）。除了有助於切換上工和下班模式，也運用巧思，配置在靠近「家外面」的地點。長走道收放了資料和書籍，且是裝飾先生繪畫的藝廊空間。走道寬度含層架共1.3公尺，除了發揮走廊的功能，更成為了一個可供駐留的空間。另一方面，廚房後方的甜點工坊，則是為太太所打造的場所。這是太太埋頭做甜點的專用空間，希望未來能將興趣當成工作。M宅將居家營造和創業安排一併納入考量，讓人感受到了翻修所能帶來的無限可能。

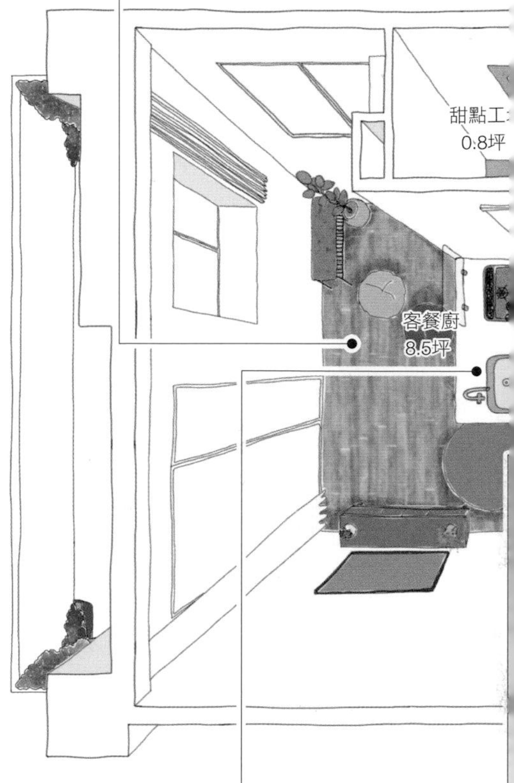

廚房前方是孩子的遊樂場，走廊那側則當成餐廳和休憩空間使用。

甜點工
0.8坪

客餐廚
8.5坪

廚房採用大收納量的雙排型檯面，讓客餐廚變得很清爽。

廚房背面的吧檯，用於電腦作業也很方便。

翻修動機與購屋關鍵因素

在不需退讓的情況下壓低費用

M氏一家人最初也曾考慮新蓋的訂製房屋，不過由於預算有限，為求將費用壓得比新屋還低，且能打造出符合想望的空間，而選擇了翻修中古公寓。

在綠意圍繞的環境中切換上下班心態

他們買下了建於山間斜坡，受綠意環繞且視野良好的物件。由於是三個方向都開窗的邊間，通風採光都很出色。離客廳較遠的玄關那側，在結構上剛好能保留給先生所渴望的工作室（家庭辦公室）。因此，這是個極度適合切換居家工作和放鬆片刻的物件。

data

屋齡	實際坪數	建築結構	施工時長	家庭組成
20年	75.0㎡	RC結構	2個月	夫妻＋小孩（1名）

感覺得到家人氣息的單人空間

面積
60
㎡

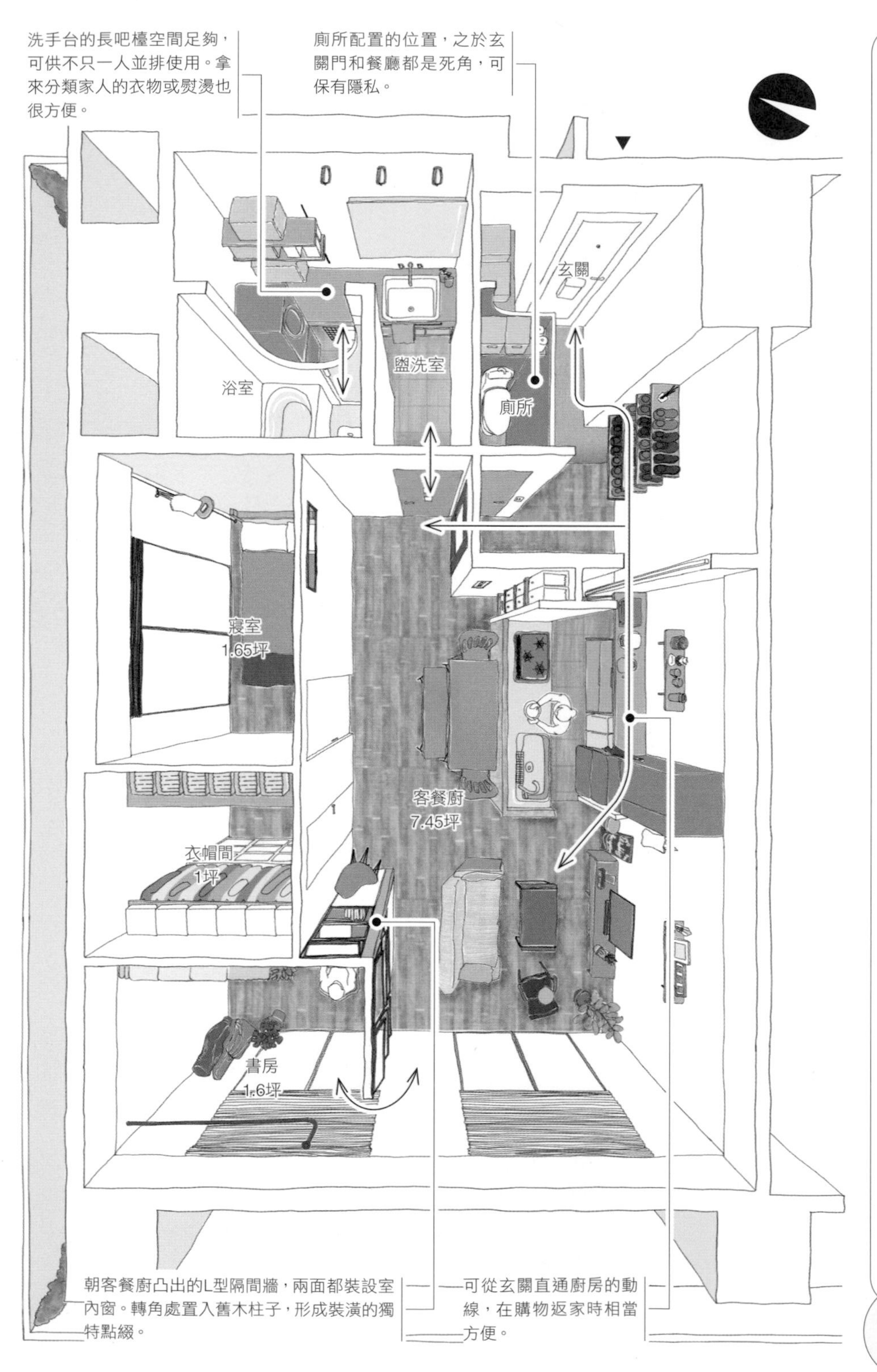

洗手台的長吧檯空間足夠，可供不只一人並排使用。拿來分類家人的衣物或熨燙也很方便。
廁所配置的位置，之於玄關門和餐廳都是死角，可保有隱私。
玄關
盥洗室
浴室
廁所
寢室
1.65坪
客餐廚
7.45坪
衣帽間
1坪
書房
1.6坪
朝客餐廚凸出的L型隔間牆，兩面都裝設室內窗。轉角處置入舊木柱子，形成裝潢的獨特點綴。
可從玄關直通廚房的動線，在購物返家時相當方便。

先生有個心願是「想要可以獨處的空間」，因此將書房規劃在有陽光照撫的南側窗邊。空間雖被確實切割開來，自然光仍能透過大片的室內窗抵達客餐廚。書房的桌子朝著室內窗陳設，從該處可以望見工業風的客餐廚——牆壁和天花板只做骨架，各處則採用了舊木材。從雙排型的廚房，也能看見待在書房裡的先生。由於幾乎所有空間都以餐廳為中心來配置，自然也就能讓家人之間拉近距離。居家工作自然不說，就算之後會跟小孩子一同生活，這番格局應該也能大顯身手。

翻修動機與購屋關鍵因素

物件選項豐富、空間自由度高相當吸引人

A氏夫妻最初曾是新建獨棟房屋派，但經過重重研討後，想法漸漸轉向「公寓物件的選項很多」、「中古屋才能藉由翻修來享受裝潢」等，而改買中古公寓來翻修成自宅。

著重於想住的街區

在入內看過好幾個物件後，A氏夫妻發現，在找房子時只在乎面積和屋齡，可能不是最好的做法。兩人將篩選觀點轉向「自己覺得好住的環境」，挑中了這個屋齡45年的物件，環境清幽、街區和商店街的氣氛亦令人喜愛。

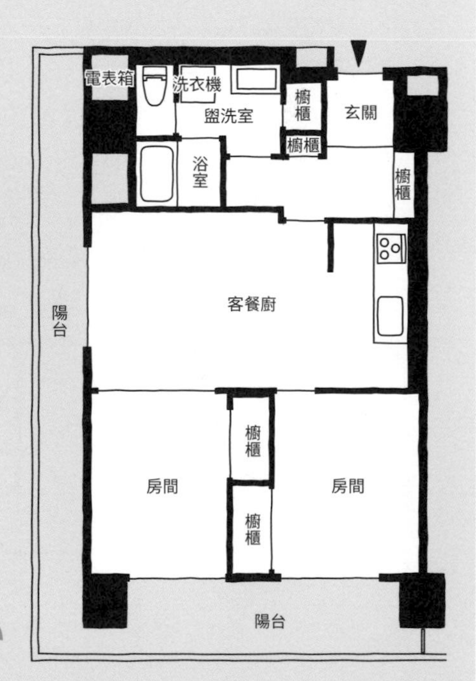

before

data

屋齡	實際坪數	建築結構	施工時長	家庭組成
45年	59.59㎡	RC結構	2.5個月	夫妻

附室內露臺的開放式封閉空間

貼牆的客廳層架，亦可當成長椅使用。這個巧思是為了更有彈性地運用小巧的空間。

藉翻修擴張了玄關門廳的走道寬度，貼成人字紋樣式的地板相當美麗。

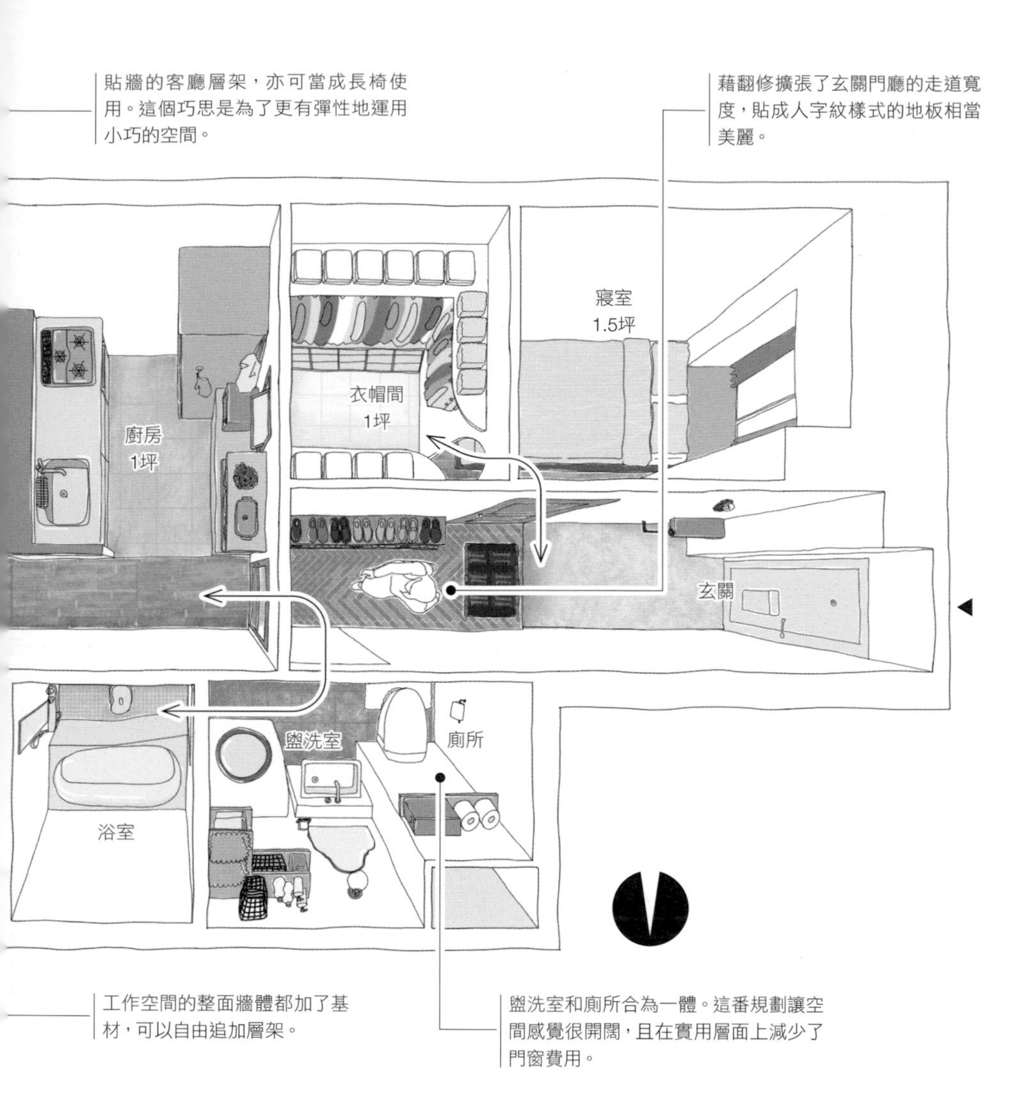

工作空間的整面牆體都加了基材，可以自由追加層架。

盥洗室和廁所合為一體。這番規劃讓空間感覺很開闊，且在實用層面上減少了門窗費用。

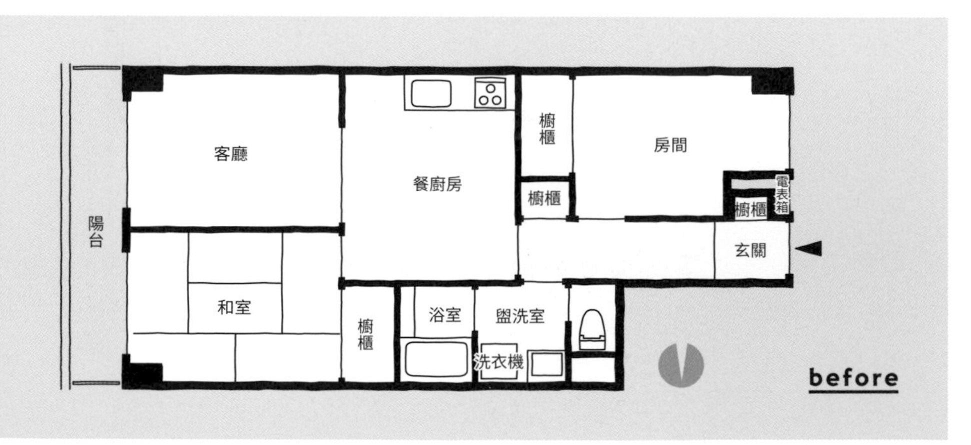

面積
54
m²

T宅是由約54㎡的住宅翻修而成，在客餐廚的角落，有著公仔原型師先生的工作空間。1.25坪的工作空間雖然小巧，卻也屬於開放式，能透過木製室內窗將客餐廚盡收眼底。上牆式層架和展示櫃，一字擺開先生的作品和喜歡的公仔。砂漿地板、半戶外式的室內露臺，則是能夠自然切換個人休閒及工作空間的中介區塊。將工作空間的出入口配置於室內露臺後頭，也營造出了「此處很特別」的氣息。可盡情體驗有助於專心的封閉感和開暢感，以及被喜愛物品所包圍的快樂，是個待起來相當舒適的空間。

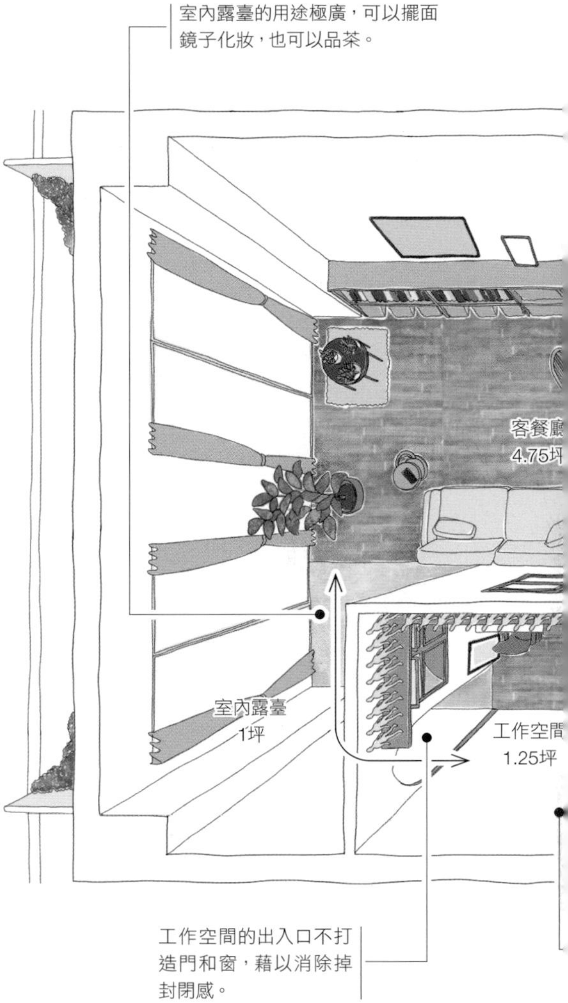

室內露臺的用途極廣，可以擺面鏡子化妝，也可以品茶。

客餐廳
4.75坪

室內露臺
1坪

工作空間
1.25坪

工作空間的出入口不打造門和窗，藉以消除掉封閉感。

翻修動機與購屋關鍵因素

一站式服務 為翻修念頭推波助瀾

T氏夫妻將訂製住宅和翻修中古公寓拿來兩相比較，基於容易找到高度便利的地區、資產性較佳等因素而選擇翻修。兩人運用一站式服務，從尋找物件到設計、施工都能委託執行，在找房時得以一邊接受專家的建議，因而相當安心。

小巧物件 讓翻修慾隱隱發酵

兩人買下的物件屋齡38年，坐落於先生住過的熟悉地區，從陽台看出去的景色相當美妙。面積雖然小巧，但感覺得出「有下工夫翻修的價值」，而決定買下。

data

屋齡	實際坪數	建築結構	施工時長	家庭組成
38年	54.47㎡	SRC結構	2.5個月	夫妻

用舊木材和鐵件，打造亮眼的工作空間

面積 59㎡

寢室架高地板，將下方做成收納空間。有一部分可從廚房那側拿取。

小孩房由鞋櫃間的室內窗帶入採光，目前當成太太的工作空間活用。

鞋櫃間面對陽台，連同玄關脫鞋處，是個可供靈活運用的方便地點。

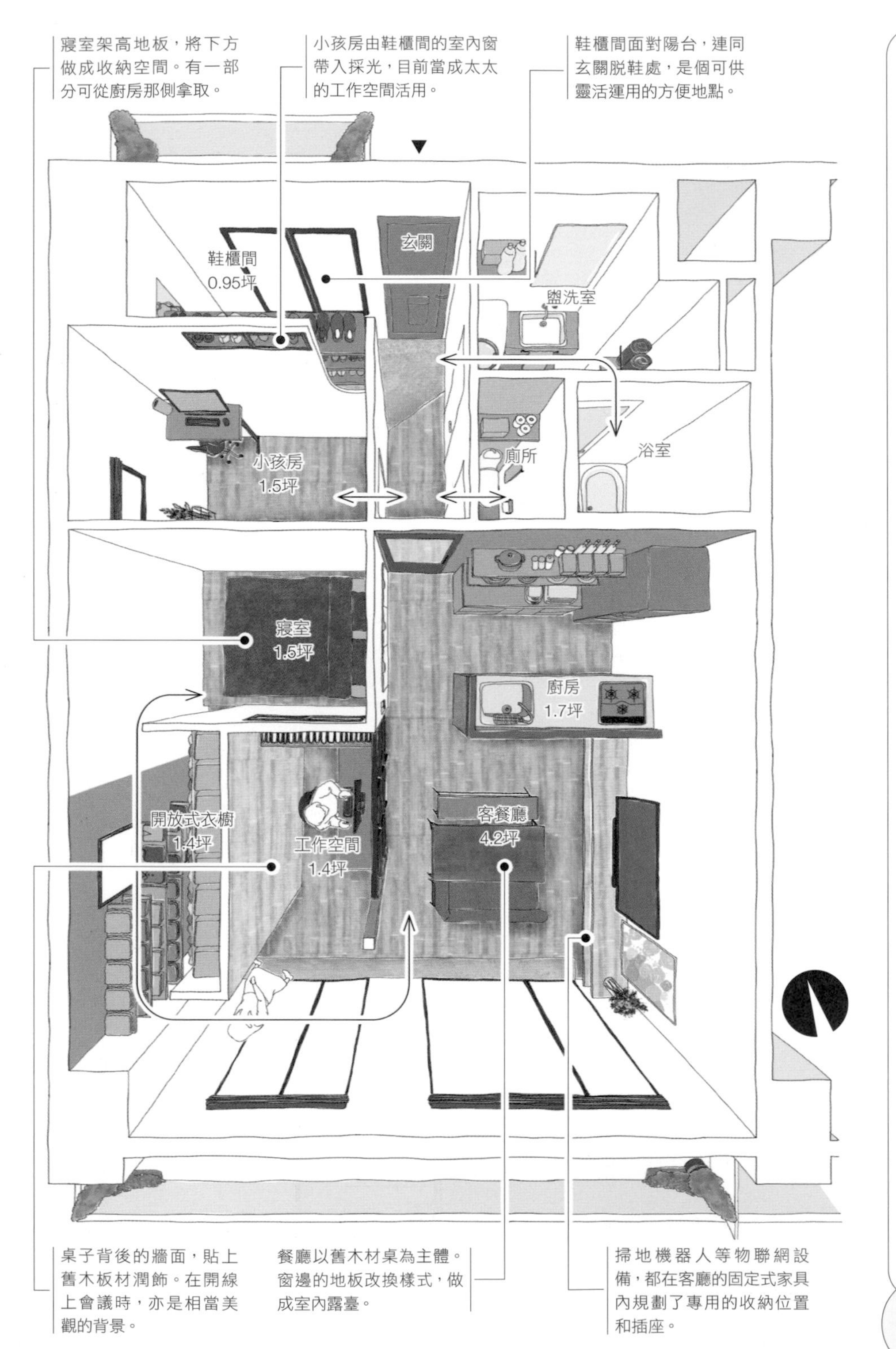

桌子背後的牆面，貼上舊木板材潤飾。在開線上會議時，亦是相當美觀的背景。

餐廳以舊木材桌為主體。窗邊的地板改換樣式，做成室內露臺。

掃地機器人等物聯網設備，都在客廳的固定式家具內規劃了專用的收納位置和插座。

M宅在約58㎡的住宅裡保有鞋櫃間和開放式衣櫥，甚至還成功獲得了工作空間。先生的職務是網站管理人，每天的大半時間都會在工作空間中度過。工作空間配置於看得見客餐廚和戶外風光的位置，利用鐵框和舊木材柱舒緩地隔出區塊。考量到從客餐廚那側望進工作空間內部的樣貌，而在背牆貼上舊木板材。為了能更快活地工作，而改用物聯網家電。從工作空間就能透過智慧型手機、智慧喇叭操控掃地機器人，並可控制照明，改變空間的氣氛。跟客餐廚合為一體又能舒暢工作的工作空間，這是個絕佳範例。

翻修動機與購屋關鍵因素

住進翻修住宅 實際體會到有多自由

M氏夫妻原本就住在經翻修的出租公寓。在該處生活，讓他們實際體會藉翻修自由打造的住家住起來有多舒服，於是決定選擇買下中古公寓，翻修成自宅。

重視翻修時無法改造的部分

兩人挑選的公寓物件位於已經住過的熟悉地區，附近車站有數條路線可供搭乘，並且符合新耐震標準。在原始格局之中有些空間被浪費掉，但由於格局可全數變更，因此著眼於地段、邊間等等條件而決定買下它。

before

data

屋齡	實際坪數	建築結構	施工時長	家庭組成
26年	58.5㎡	RC結構	2.5個月	夫妻

回家後更衣完畢，可藉由內部動線從寢室前往客餐廚。多虧了設置工作空間後所產生的L型牆面，收納量也提升了。

先生的工作空間將天花板稍微降低，將上方當成收納戶外用品的空間。

W型工作空間，夫妻一同舒適工作

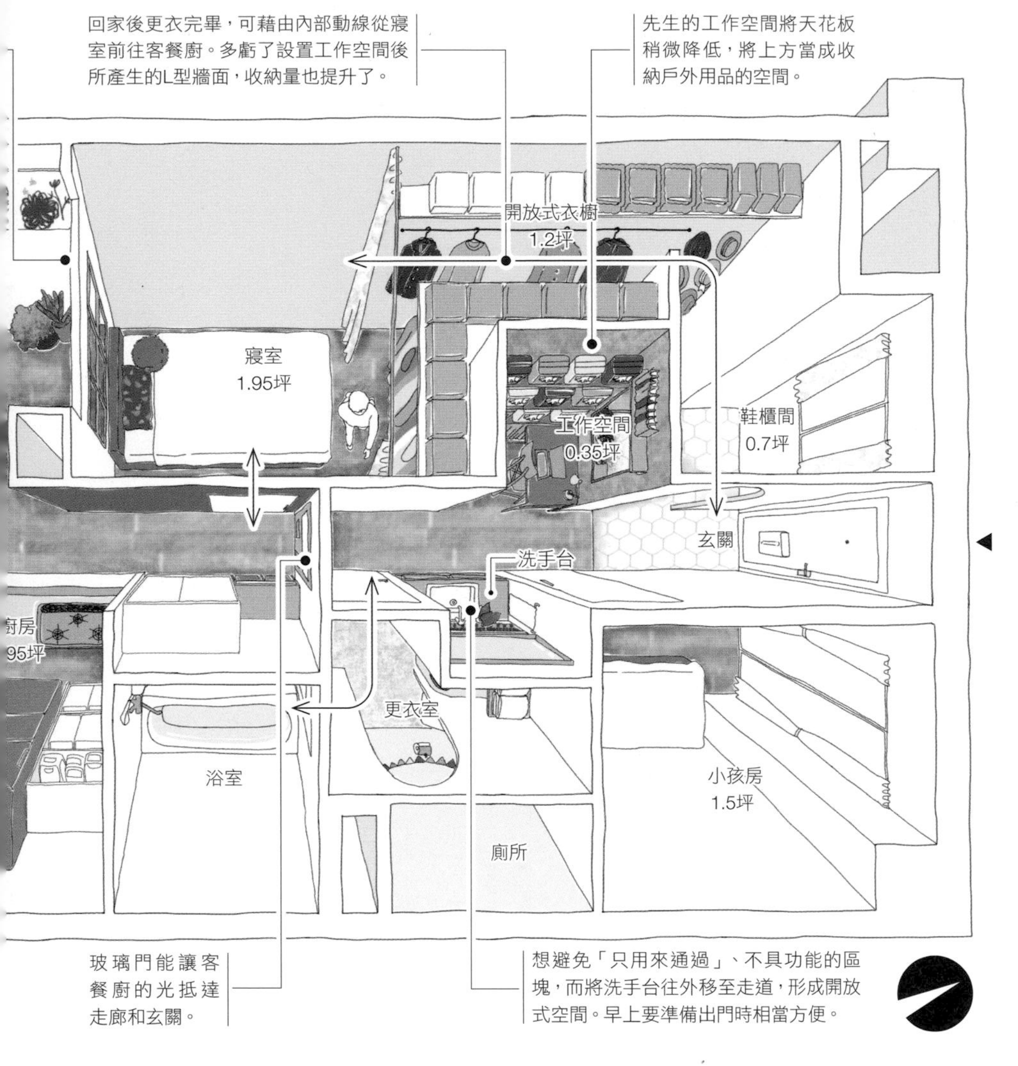

玻璃門能讓客餐廚的光抵達走廊和玄關。

想避免「只用來通過」、不具功能的區塊，而將洗手台往外移至走道，形成開放式空間。早上要準備出門時相當方便。

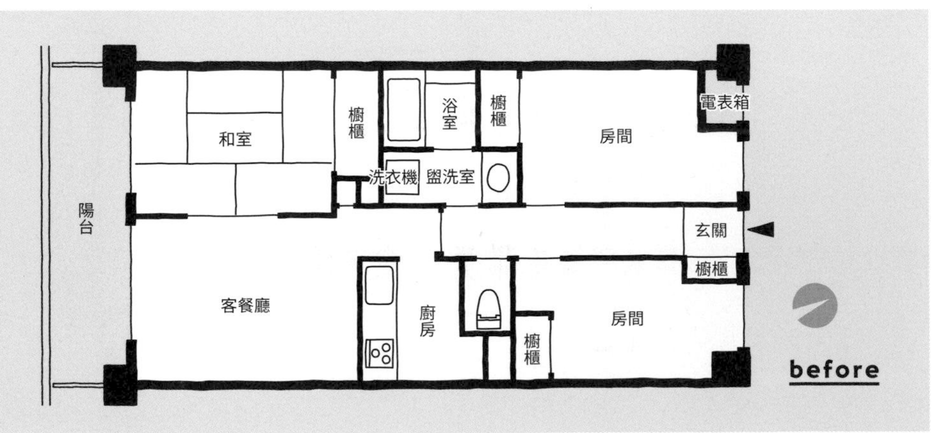

面積
64
m²

N氏夫妻渴求著能「各自擁有工作空間」。先生的工作空間利用走道上的內凹處來打造，是個具有包圍感的場所，可以容納桌子、公仔和漫畫書。牆壁的一部分打造室內窗，靠玄關那側的窗能讓光線和風進入。另一方面，太太的工作空間則規劃在廚房旁的明亮區塊，會有光線從陽台照入。她也將該處兼作梳妝台，在早上準備出門時相當方便。雙方的工作空間拉得夠開，因此不需要擔心線上會議傳出聲音。擁有個人專用的場所，也讓客廳、餐廳更具轉換心情的效用。據說在休閒時段，夫妻倆總會一同欣賞電影和音樂。

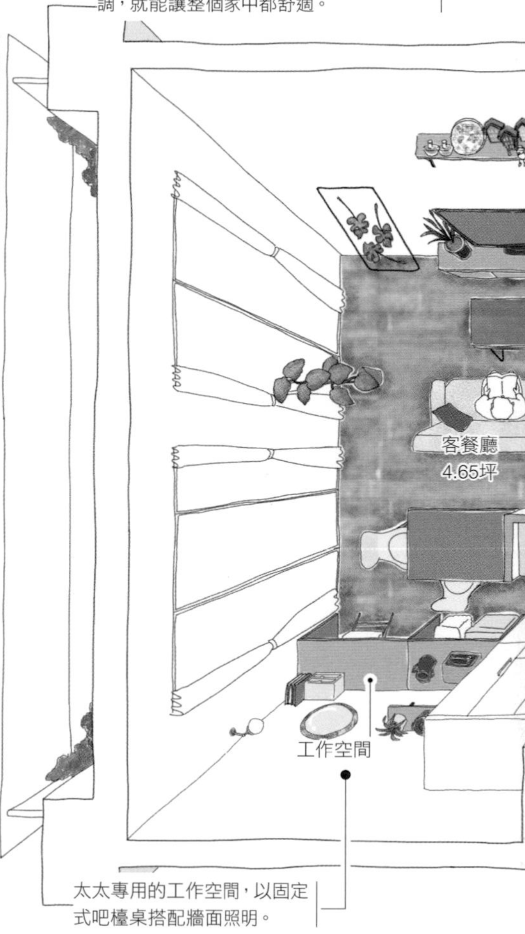

客餐廚空調的風，會從室內窗和牆壁上方的空隙進入寢室和開放式衣櫥。一台空調，就能讓整個家中都舒適。

太太專用的工作空間，以固定式吧檯桌搭配牆面照明。

翻修動機與購屋關鍵因素

先生向新屋派的太太熱烈推薦翻修

先生是翻修中古屋派，太太則是新落成獨棟房屋派。先生提出「有鑑於預算限制，在期望地區較難買到新屋」、「翻修中古公寓，也能自由打造住家」、「比起買新屋，翻修能將預算壓得更低」後成功說服太太，於是走向翻修中古屋一途。

不斷收集資訊並入內賞屋徹底斟酌每個物件

為了避免被其他買家橫刀奪愛，兩人刻意以寬鬆的條件來尋找物件，碰到喜歡的就立即上門看屋。考量到未來可能賣掉，而用相較保值的電車路線來當判斷標準。另外太太也很看重公寓外觀散發的感覺，在獲得太太首肯後，買下了此物件。

data

屋齡	實際坪數	建築結構	施工時長	家庭組成
21年	63.8㎡	RC結構	2個月	夫妻

充滿彈性的家：實現工作起居合一的生活

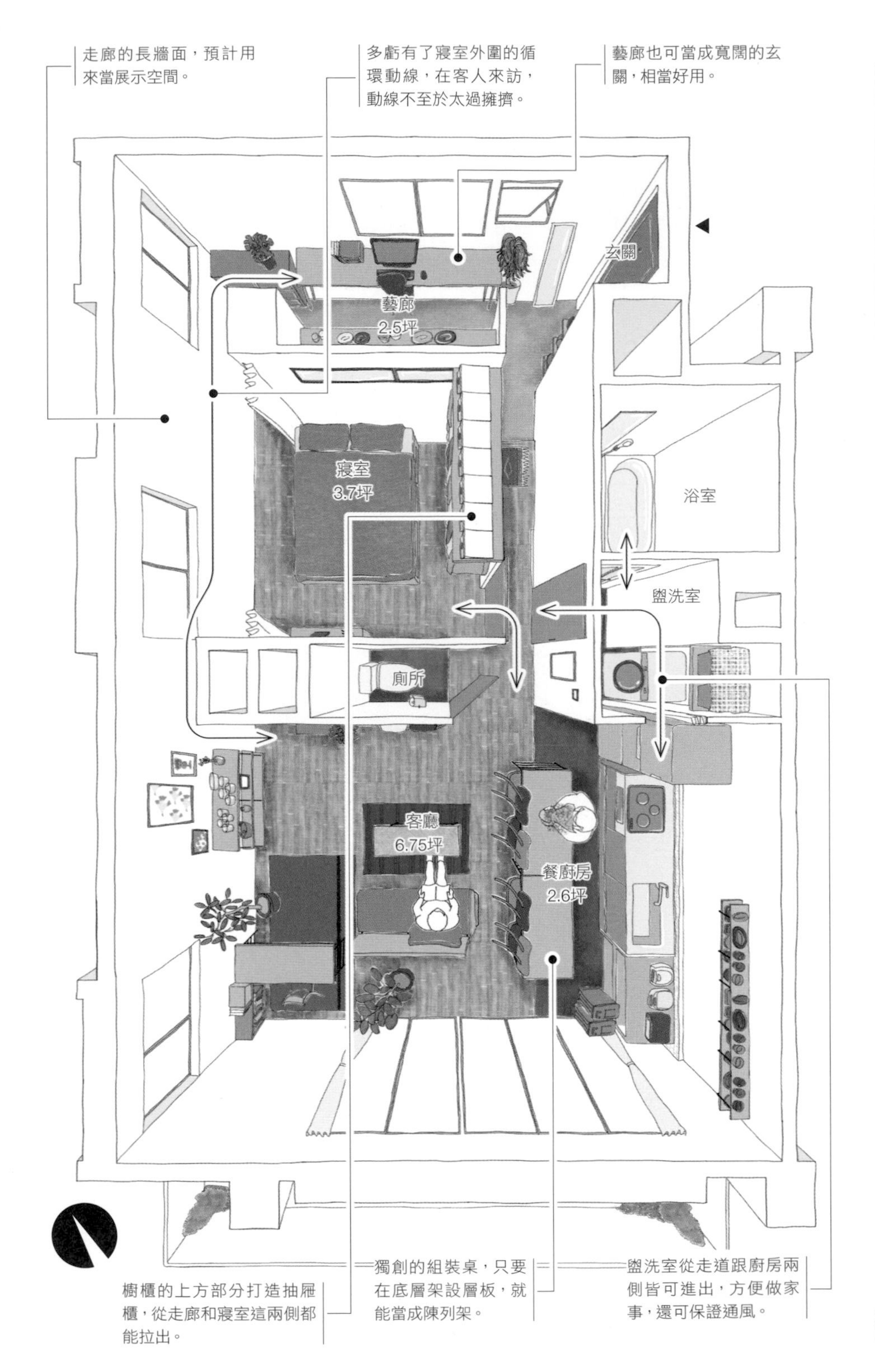

走廊的長牆面，預計用來當展示空間。
多虧有了寢室外圍的循環動線，在客人來訪，動線不至於太過擁擠。
藝廊也可當成寬闊的玄關，相當好用。
玄關
藝廊
2.5坪
寢室
3.7坪
浴室
盥洗室
廁所
客廳
6.75坪
餐廚房
2.6坪
櫥櫃的上方部分打造抽屜櫃，從走廊和寢室這兩側都能拉出。
獨創的組裝桌，只要在底層架設層板，就能當成陳列架。
盥洗室從走道跟廚房兩側皆可進出，方便做家事，還可保證通風。

面積
72
m²

※房屋用途等相關事項，必須確認公寓的管理條約。若用途並非居住，可能需要跟管委會協調。

M氏夫妻因興趣而經營著器皿的線上商店，他們將約72㎡的住宅翻修成了一房客餐廚＋藝廊的寬鬆格局。家中有個區塊設置私人藝廊，用來展示M氏夫妻所經手的器皿。藝廊的水泥地從玄關一路延續，牆面的可動層架是展示商品的地方，也成了上班族先生的工作空間。為求能使用到最寬敞的客餐廚空間，而決定讓廚房靠牆。廚房前方的餐桌其實是可動式，可在客人來訪等情況下視情況運用。藉由彈性區分各個空間的用途，營造出了工作、居住合一的住宅。

翻修動機與購屋關鍵因素

打造工作和私生活不分開的家

M氏夫妻「不想把工作和私生活分開」，由於覺得可打造自身偏愛的格局、能適度達到對地段的堅持等因素很吸引人，而選擇了翻修中古公寓。

能打造寬敞空間的方形住宅

兩人考量到會邀客人來玩，而在時髦店家和餐飲店雲集的地區，買下了屋齡五十年的老公寓。高樓層的邊間，視野跟通風都很好，價格較市價划算，也成了購屋的關鍵因素。住宅形狀呈四方形，便於打造招待客人的寬闊空間。

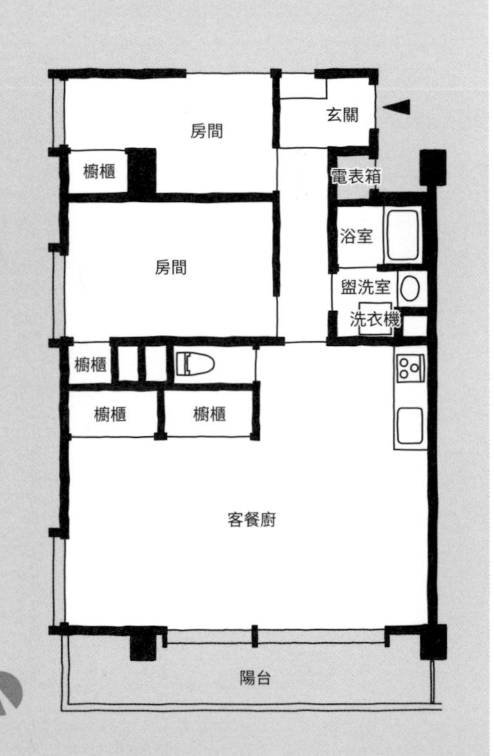

before

data

屋齡	實際坪數	建築結構	施工時長	家庭組成
50年	71.92㎡	RC結構	2.5個月	夫妻

工作休息都愜意的外廊工作空間

在餐廳的牆面打造吧檯，便於執行小型作業。另外此處可以擺放眼鏡、小物品等，也可為手機充電，非常好用。

廚房深處規劃了高收納量的食品儲藏室。可以藏起雜亂的物品，方便維持客廳的美觀。

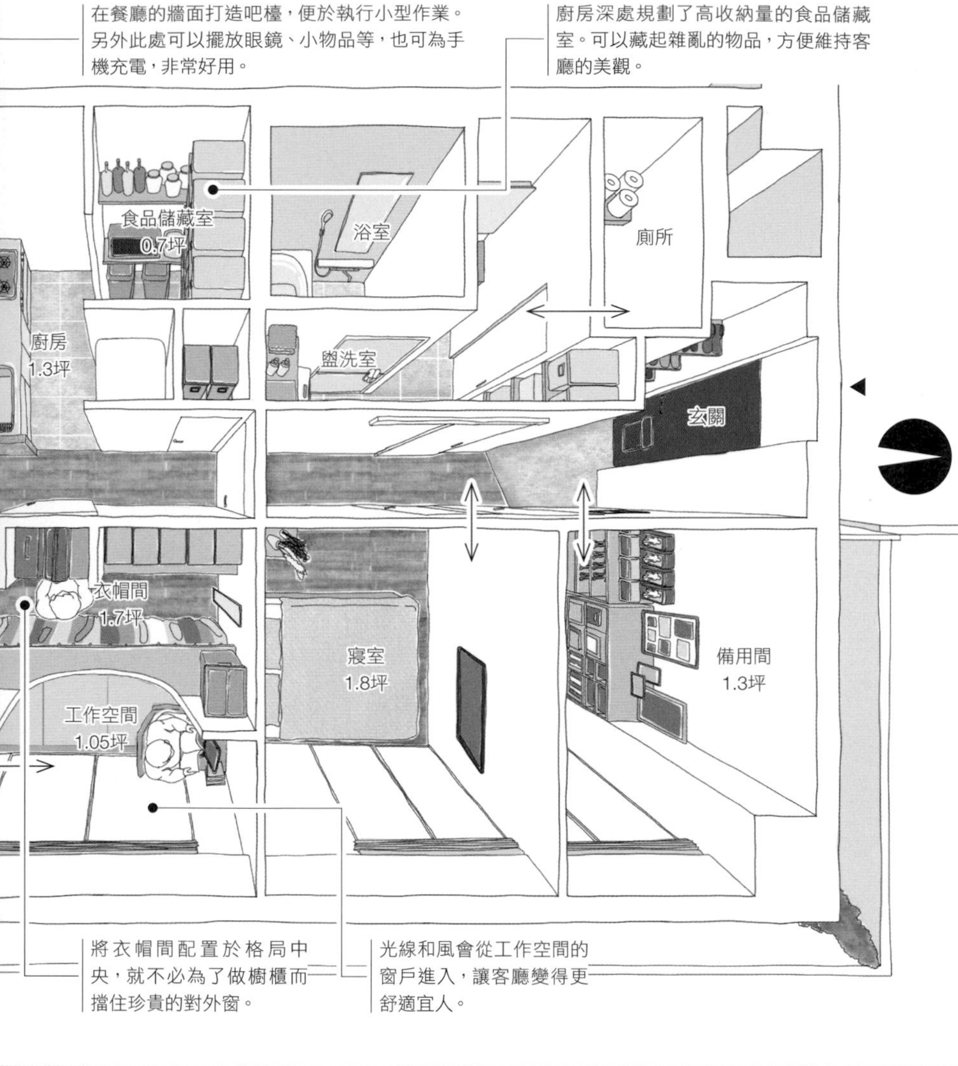

將衣帽間配置於格局中央，就不必為了做櫥櫃而擋住珍貴的對外窗。

光線和風會從工作空間的窗戶進入，讓客廳變得更舒適宜人。

面積
76
m²

I氏夫妻想要一個地板架高區，既能當先生居家工作時的空間，也能用來睡午覺。在能實現這兩個條件的靠窗位置，地板架高的工作空間因而誕生。桌邊區域具有恰到好處的包圍感，讓人容易專心在工作上；另外只要將腳放到靠陽台的那側，此處就會變成最適合睡午覺和晚酌的外廊，是個相當奢侈的空間。將工作空間打造在間隙之處，客餐廚因而變得寬闊，有了能夠鬆散配置家具的餘裕。此外在牆邊也接續著地板架高區打造長椅，自然而然地融入空間之中，在來客眾多時也能應付。這番居家營造同時尊重著工作、歇息，以及跟家人朋友共度的休憩時光。

將窗邊做成不鋪上木地板的室內露臺，可在室內晾衣服或裝飾植物。

客餐廳
7.7坪

長椅

架高地板和長椅設為相同高度，用以增進空間的延續感。

翻修動機與購屋關鍵因素

從郊外獨棟住宅轉向方便的市區

I氏夫妻最初曾經考慮購買新建獨棟住宅。在比對過預算之後，發現可選擇的區域將會落在郊區，因而將方向轉至翻修中古公寓，藉以在方便通勤的城市裡找到物件。由於想實現太太心中所勾勒的室內空間，而以翻修為前提來找房。

想好好運用雙面採光

兩人找到一個屋齡37年、符合新耐震標準的公寓邊間。這是圍著一圈陽台、雙面採光的物件，但原本的房間卻都排列於明亮的南側，導致客餐廚變成暗廳。在規劃格局時，講究的是發揮雙面採光的開闊感。

data

屋齡	實際坪數	建築結構	施工時長	家庭組成
37年	75.71㎡	RC結構	2個月	夫妻

COLUMN 6

翻修生活過得如何？

本書的許多人都藉由翻修中古公寓，獲得了專屬於自己的住處。
而在那之後的生活，又有了什麼變化呢？
我們試著訪問了幾位住戶的感想。

幸虧廚房具備方便做家事的動線，而變得更常在家煮飯了。現在會在家裡裝飾植物、繪畫，盡情享受著租屋時期所無法達成的「住得開心的生活」。〔參照P18〕
東京都杉並區／I氏

廚房的板材貼成人字紋，很喜歡在該處邊品酒邊煮菜的時光。自從住進這個家裡，妻子便開始迷上乾燥花，總會放到設於窗邊的吊桿上當裝飾。〔參照P76〕
東京都中野區／U氏一家人

空間內不打造太多固定式家具，提升了運用上的自由度。翻修房屋一事，令過去對做DIY不感興趣的先生，體會到了住家營造的樂趣。夫妻倆如今會自行製作家具和雜貨，按自身需求來改造住家。〔參照P12〕
神奈川縣橫濱市／M氏夫妻

由於選擇了翻修中古公寓，如今能擺喜歡的家具、住在想住的街區，能去旅行、邊走邊吃美味的食物，不必放棄任何喜愛的事物，就實現了歡樂的生活。〔參照P114〕
東京都足立區／S氏夫妻

每天一回到家，就會湧現「回到自己家了」的感動。反映出自身堅持的住家，讓人心滿意足又有感情，也成了支付房貸的一股動力。〔參照P126〕
神奈川縣川崎市／N氏夫妻

很喜歡家裡既方便烹飪，也方便清掃。拜此所賜，現在更勤於打掃，也更常邀朋友來家裡玩了。如今在孩子入睡後，夫妻倆總能過得很閒適，這也讓人相當滿意。〔參照P30〕
大阪府大阪市西區／S氏一家人

自從住進這個家，全家人有了更多悠哉共度的時光。雖然為了控制成本，而降低了機械設備的等級、改變木地板的材質等，如今早已全數拋諸腦後，對目前的空間相當滿意。〔參照P120〕
東京都世田谷區／A氏夫妻

往後等孩子獨立搬出去，剩下夫妻兩人共住時，還可以再配合屆時的生活型態來改變住家。因為選擇了翻修，對未來起居的設想和可能性都變得更加寬廣。〔參照P84〕
東京都杉並區／U氏一家人

水泥地連向綠意陽台的家

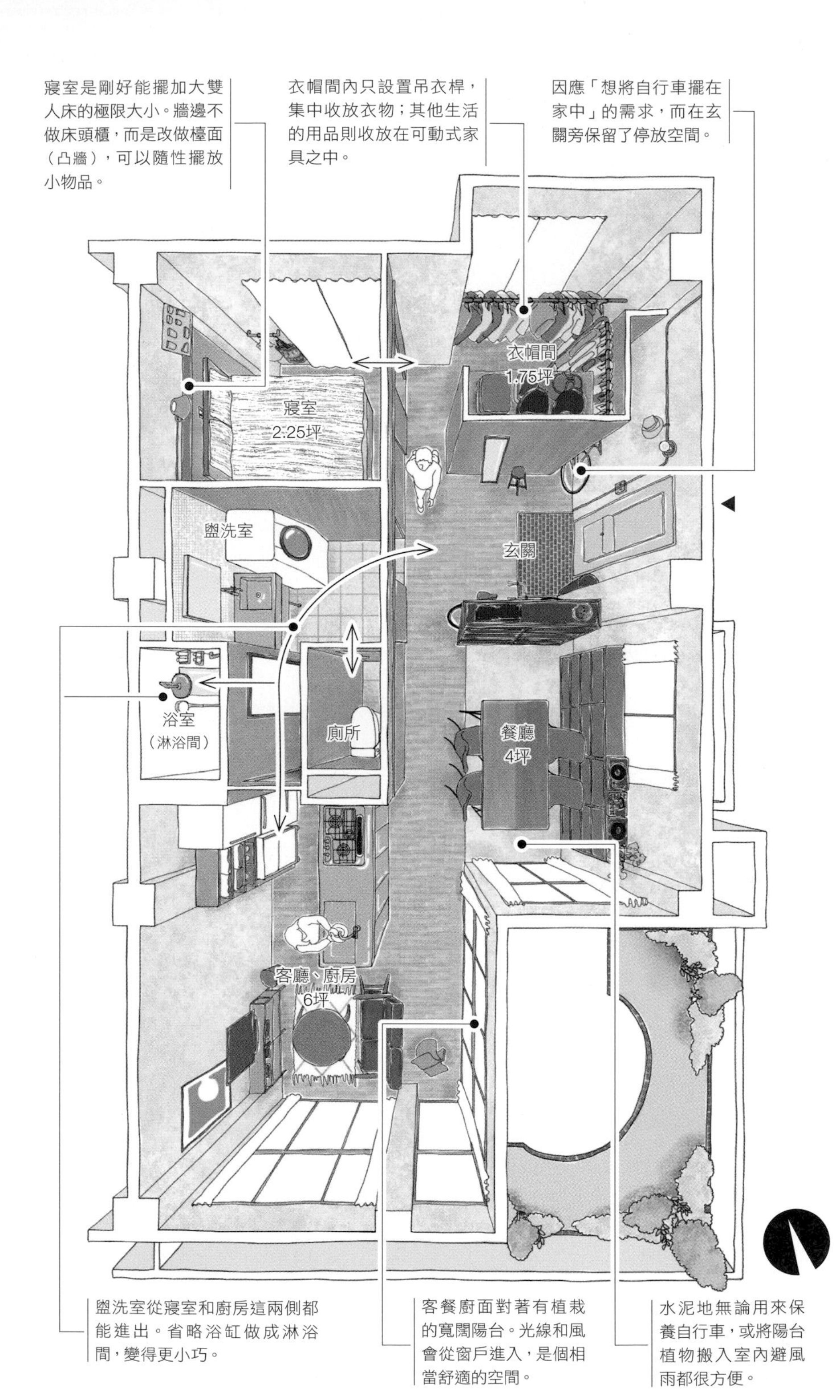

寢室是剛好能擺加大雙人床的極限大小。牆邊不做床頭櫃，而是改做檯面（凸牆），可以隨性擺放小物品。

衣帽間內只設置吊衣桿，集中收放衣物；其他生活的用品則收放在可動式家具之中。

因應「想將自行車擺在家中」的需求，而在玄關旁保留了停放空間。

盥洗室從寢室和廚房這兩側都能進出。省略浴缸做成淋浴間，變得更小巧。

客餐廚面對著有植栽的寬闊陽台。光線和風會從窗戶進入，是個相當舒適的空間。

水泥地無論用來保養自行車，或將陽台植物搬入室內避風雨都很方便。

面積
67
m²

N氏夫妻想要「在綠意環繞、通風良好的家中生活」。這個物件有許多窗戶面向L型露臺，翻修時活用這個特點，打造了從玄關到露臺一路不隔間的客餐廚。此外亦打造了一部分的水泥地，營造出跟露臺合為一體的半戶外空間。水泥地板區可當成餐廳使用，在強風的日子能將戶外的植物搬進來避難，或可用來保養自行車，功能多多、相當好用。N氏夫妻喜愛古董家具，因此保留了能自由安排家具陳設的寬闊空間，屋內僅寢室有做隔間，收納則集中規劃至衣帽間。在自然光大量照入的客餐廚，享受著賞玩植物和家具的生活。

翻修動機與購屋關鍵因素

尋求符合喜好的設計

由於新屋物件、已翻修物件的設計都不符合所好，而選擇了能自由變更格局和裝潢的中古公寓翻修。

能欣賞綠意的露臺

N氏夫妻對陳年公寓抱有憧憬，最後選擇了建於1979年的大型集合住宅社區。此物件甚至有著能種植物的露臺，相當適合喜愛綠意的N氏夫妻。這裡離原本所住的區域很近，住進來不會改變生活範圍，也是決定買下的一個關鍵。

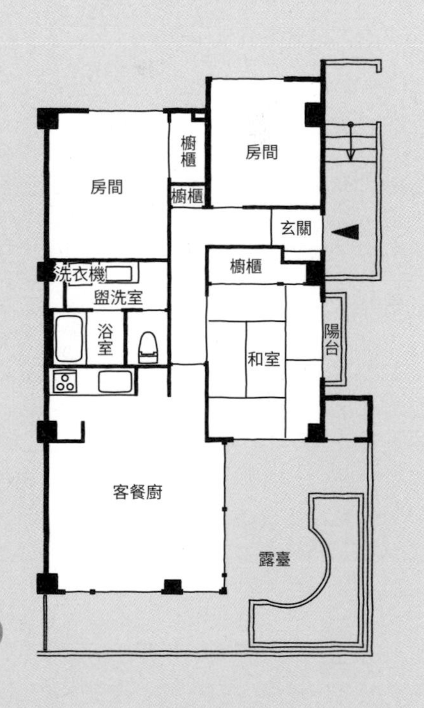

before

data

屋齡	實際坪數	建築結構	施工時長	家庭組成
43年	67.0㎡	RC結構	2個月	夫妻

能聆聽唱片的客餐廚，和明亮寬敞的玄關門廳

將收納集中於衣帽間，使客餐廚和玄關門廳變得清爽又開敞。出入口使用拉簾，方便通過而且相當透氣。

稍高的凸窗，會將窗台當成邊桌或裝飾架使用。

長椅的椅面下方做成收納。

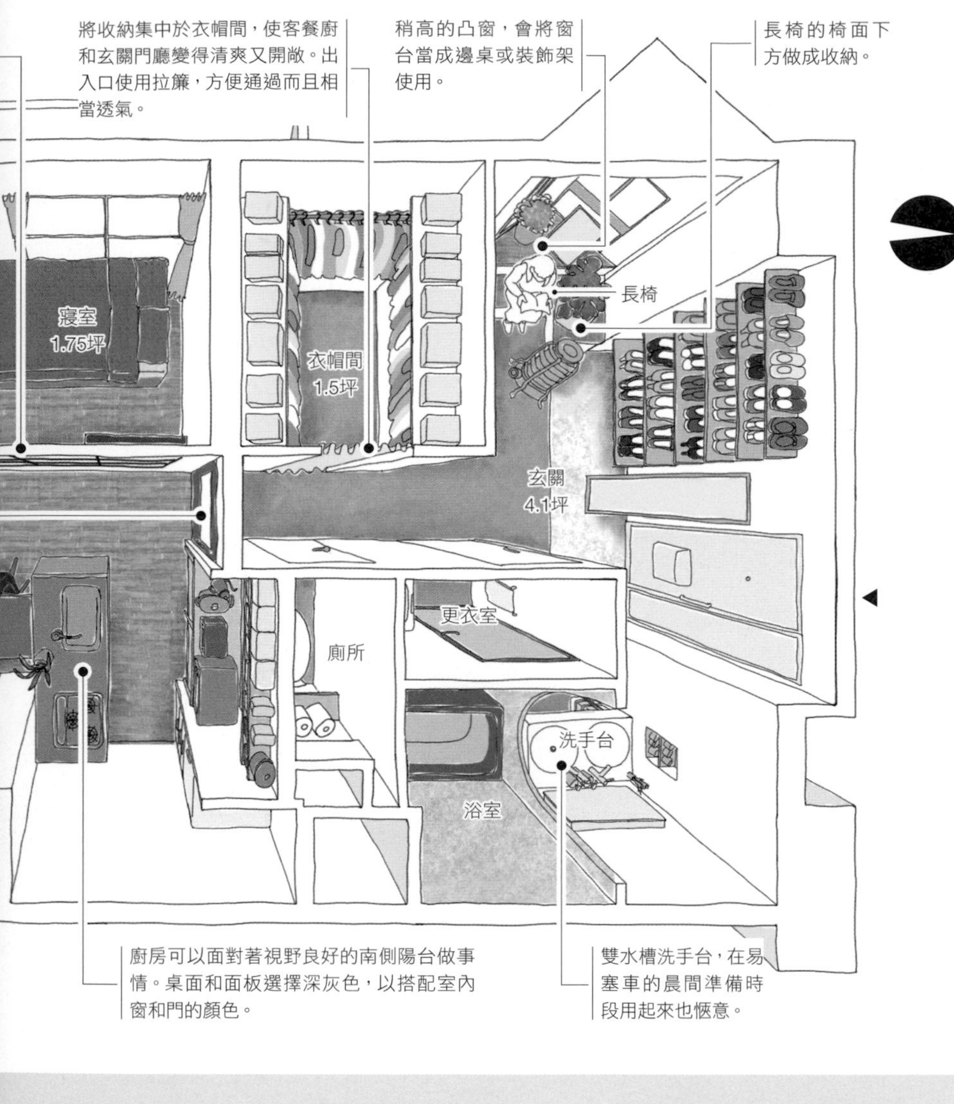

廚房可以面對著視野良好的南側陽台做事情。桌面和面板選擇深灰色，以搭配室內窗和門的顏色。

雙水槽洗手台，在易塞車的晨間準備時段用起來也愜意。

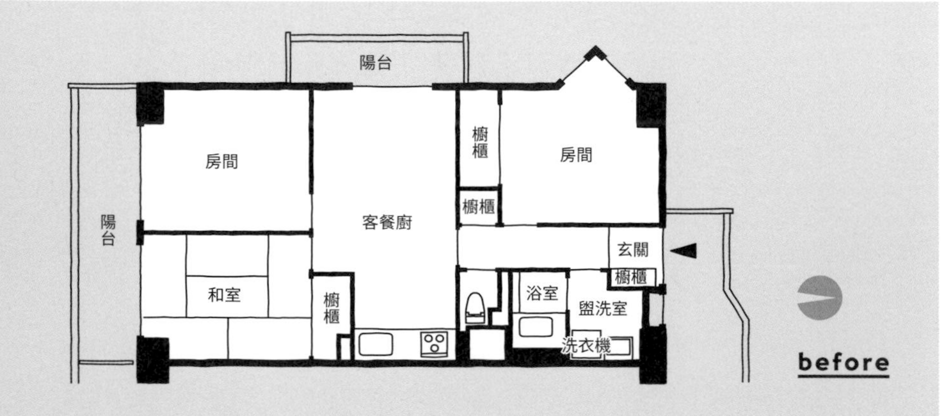

面積
68
m²

多虧有串聯起客餐廚和寢室的室內窗，空間感覺更寬敞，通風也有保障。
客餐廚
9.35坪
門上加了馬賽克玻璃，可以傳遞雙邊空間的光線和動靜。

T氏夫妻的願望是「想要寬敞的玄關」，因此有了這4.1坪、日照充足的玄關門廳。設在凸窗邊的長椅，既是居家工作時的空間，亦是可當第二客廳的休憩場所。長椅的對面設置可供兩人同時使用的洗手台，非常方便。在開放式的空間中準備出門，感覺心情會很不賴。T氏夫妻「想讓家裡盡可能開敞」，因此替寢室安裝室內窗，讓空間就像是跟客餐廚彼此相連。客餐廚的牆面打造收放唱片和音響的大型層架。能欣賞著南側陽台的亮眼風景，一邊聆聽著喜愛唱片的舒適空間，就這樣大功告成了。

翻修動機與購屋關鍵因素

格局和材質都想照自己的意思安排

T氏夫妻想在一個格局、材質都符合喜好的家中生活，因而選擇翻修中古公寓來營造住家。

容易打造開放式格局

兩人買下的物件位於便利的市中心，從窗戶看出去的視野遼闊，日光也很棒。此物件原本細碎切劃成三房客餐廚，但由於用水區域集中在某一角落，且隔間牆全部都能打掉，因而能輕鬆實現T氏夫妻期望中的開放格局。

data

屋齡	實際坪數	建築結構	施工時長	家庭組成
43年	67.8㎡	SRC結構	2個月	夫妻

明亮通風，有著曲面牆壁的住宅

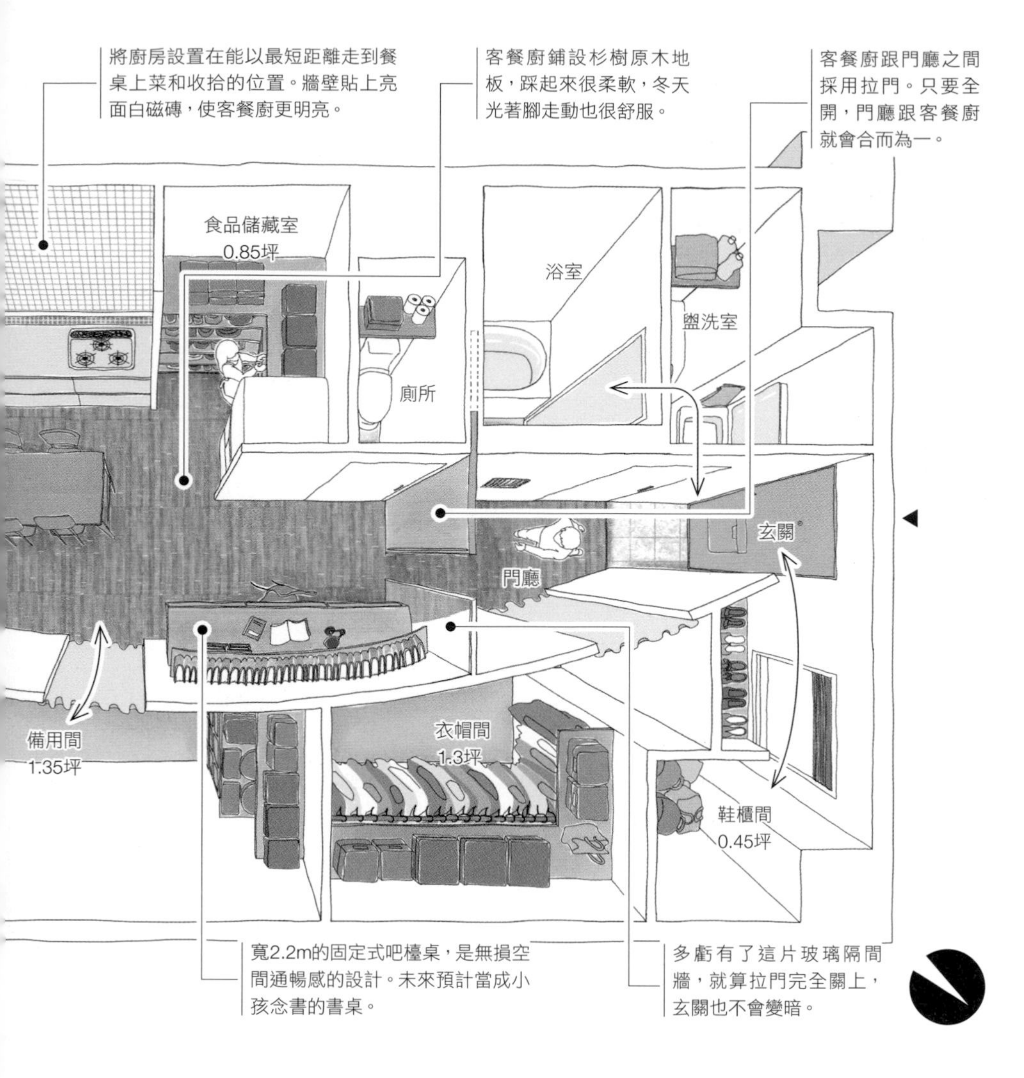

面積
63
㎡

K宅有著一面橫切過家中，長約9公尺的曲面牆壁。這面牆是為了將客餐廚擴張到極限而生，另外也有將窗邊光線擴散至整個家中的效果。客餐廚和門廳之間設置透光玻璃牆，使玄關充斥著柔和的光線。K氏一家人渴望著「能夠通風，夏季不會累積濕氣、冬季不會陰寒的家」。未隔間的寢室和備用間設計了開敞的出入口，讓整個家的空氣能夠循環。曲面牆壁外加能調整濕氣的材質，地板則選擇原木地板，因此「就算在梅雨季，住起來也很舒服」。這是一間晴天時能將窗戶整個敞開，看著孩子在家裡跑來跑去的健全住家。

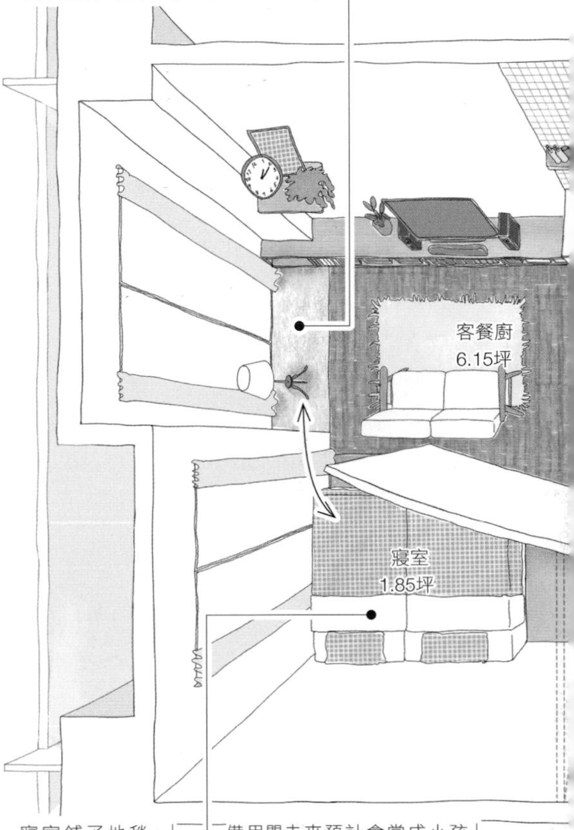

窗邊做成鋪磁磚的室內露臺，就算露水弄濕地板也方便處理。等孩子大了之後，預計要拿來擺放植物。

客餐廚
6.15坪

寢室
1.85坪

寢室鋪了地毯，只要將寢具收起來，就能變成孩子的遊樂場。

備用間未來預計會當成小孩房。地板內已建立基座，以便在有需要時增設隔間牆。

翻修動機與購屋關鍵因素

不對生活造成負擔
在不勉強的狀態下購買自宅

K氏夫妻生小孩後，開始覺得「應該重視全家人的共同體驗」。兩人選擇翻修中古公寓，在實現理想生活的同時，也不對家計造成過多負擔。

想要能夠開窗的生活

K氏一家人從前住過排屋集合住宅型的租屋處。在生活中必須往返上下層樓，且屋內會被外頭看見，環境讓他們不甚滿意。他們渴望「能放心開窗的生活」，而選擇了位於高樓層、窗外視野極佳的物件。

data

屋齡	實際坪數	建築結構	施工時長	家庭組成
27年	62.7m²	RC結構	2個月	夫妻＋小孩（2名）

連浴室都有光照入的開放式居所

門全部都做成入牆式拉門或單拉門。可以保持開敞，也很方便打掃。

開放式衣櫥在牆上開了細條窗，可保持通風。

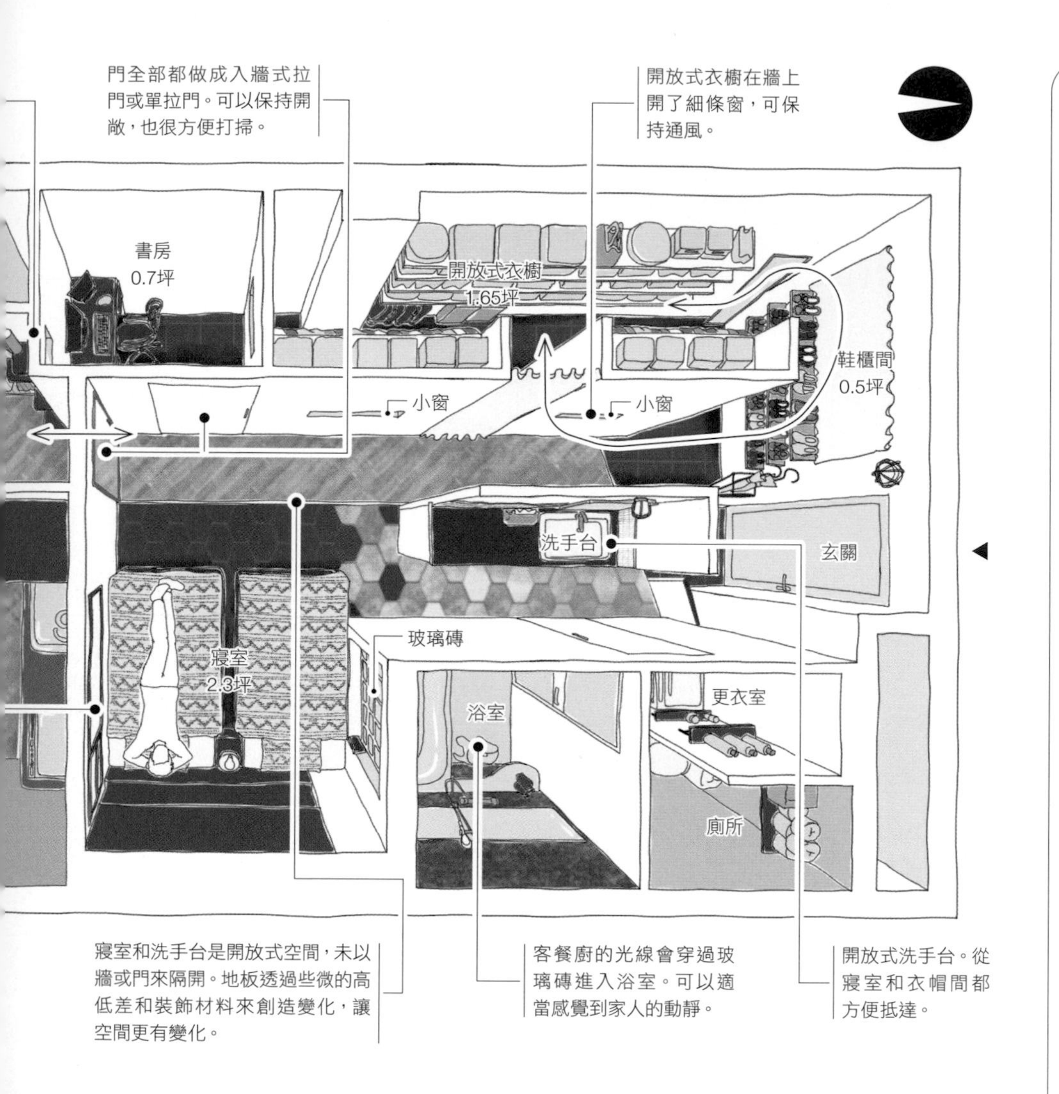

寢室和洗手台是開放式空間，未以牆或門來隔開。地板透過些微的高低差和裝飾材料來創造變化，讓空間更有變化。

客餐廚的光線會穿過玻璃磚進入浴室。可以適當感覺到家人的動靜。

開放式洗手台。從寢室和衣帽間都方便抵達。

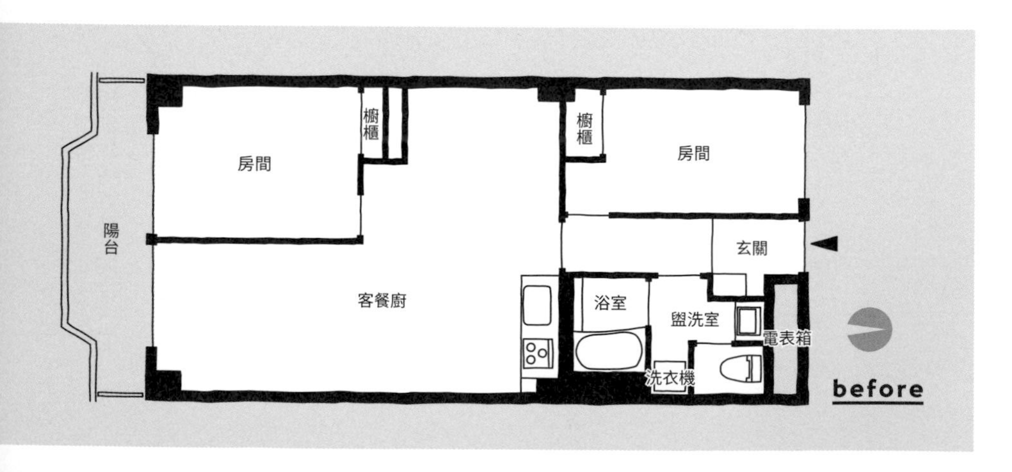

面積
62
m²

T氏夫妻的住宅是開放式格局，無論盥洗室、寢室或開放式衣櫥都沒有做門。客廳的門做成玻璃拉門，客餐廚和寢室之間也設置了大片的室內窗，讓陽台的光線和風可以一路抵達玄關。工作空間和開放式衣櫥的牆上開有小窗，除了通風之外，也成了牆面上的點綴。T氏夫妻夢想中的「開窗浴室」，則透過玻璃磚來實現。在依據系統式衛浴的結構，打造出最大尺寸的玻璃牆，成就了極其明亮的浴室。少有門戶開關、便於在空間中來去的格局，對貓咪而言也相當舒適。這間住宅充滿了開闊感，並能盡情享受高處公寓所獨有的優良通風和採光。

書房是有助於專心的小巧空間。貓咪有時會跑來天花板附近的小窗偷看。

斜貼木地板，營造超乎實際的寬闊感。廚房也靠牆，以保有夠大的空間。

室內窗可以全數敞開，因此寢室的通風絕佳。

翻修動機與購屋關鍵因素

對挑選物件和空間營造都有所要求

T氏夫妻的夢想是「住在開放式的家中，享受開窗泡澡之樂」。他們從物件選項較多的中古公寓，挑選了視野開闊的住家，並透過翻修的方式，來達成具有獨特性的空間營造。

視野極佳的高處物件

兩人買下了建於高處的老公寓。T氏夫妻說「屋子位於陡坡頂端，良好視野跟風吹撫過去的感覺讓人很喜歡」。住宅約62㎡，陽台向南，沒有不能破壞的隔間牆，是個便於規劃開放式空間的物件。

data

屋齡	實際坪數	建築結構	施工時長	家庭組成
43年	62.15㎡	RC結構	2個月	夫妻＋貓

能按季節改變起居位置的家

面積
62
㎡

以柳安木材打造的廂型收納，一部分做成桌面。從西側陽台採光，白天就算不開燈也很明亮。

碰到客人來訪等情形，只要拉上簾子就能遮住睡床。

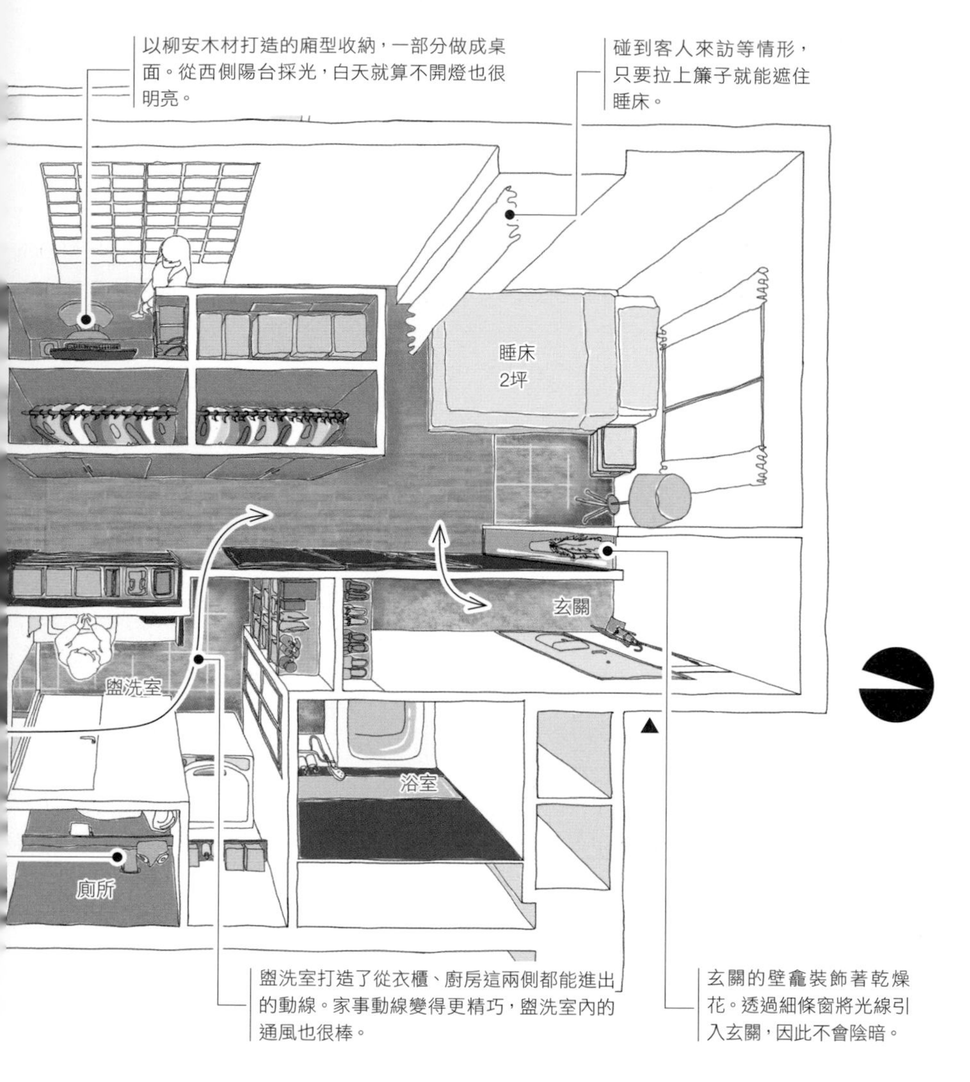

盥洗室打造了從衣櫃、廚房這兩側都能進出的動線。家事動線變得更精巧，盥洗室內的通風也很棒。

玄關的壁龕裝飾著乾燥花。透過細條窗將光線引入玄關，因此不會陰暗。

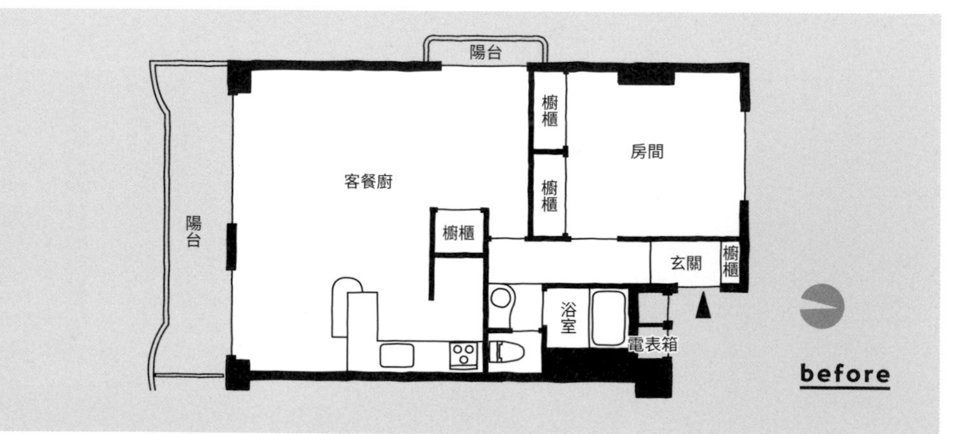

M氏的住處是三個方向都開窗的邊間。格局設計上希望能發揮此物件的優點，在生活中同時享受到「日照良好的南側」以及「能看見公園豐富綠意的北側」，因此做成一個單間，並以桌面、櫥櫃合一的廂房和緩地切分區塊。單間相當易於改換樣式，因此夏天就選涼爽的北側當休憩場所，冬天則選溫暖的南側。除了方便挪移的可動式原創電視櫃，其他家具也都選擇了好移動的類型。北側的部分地板貼上地板貼，實現了「能夠種植物的室內露臺」。據說M宅能在夏天時從窗戶欣賞到煙火大會。這是一座居住時能夠感受到四季的靈活住宅。

為解決西曬問題，在西側牆內加入隔熱材質，增進溫熱環境的舒適程度。
客餐廚
12.5坪
將廁所配置於盥洗室後方。如此一來保障了從兩個方向前往廁所的動線，盥洗室的洗手台也可兼在如廁後洗手。

翻修動機與購屋關鍵因素

尋求能因應未來變化的自宅

M氏說「覺得付房租很浪費，而決定買房」。目前是配合工作才選擇住在此區的住宅，未來則可能會返回故鄉。由於希望之後能方便將房屋租出去，並認為能實現個人風格的空間營造相當吸引人，而選擇了翻修中古公寓。

公園旁、車站近

M氏尋求著有著豐沛自然的幽靜環境，而鎖定有大型公園的地區來尋找物件，最終選到一間能從屋內看見公園綠意的房子。鄰近車站、面積有62㎡，而且還有停車場，具備方便出租的特徵。

data

屋齡	實際坪數	建築結構	施工時長	家庭組成
42年	62.15㎡	RC結構	2個月	單身

在風景優美的窗邊，營造循環動線

烹調家電、庫存食材都藏放於牆面收納裡頭。可用拉門遮擋，因此客餐廳相當清爽。

配置貓跳台，可以讓貓咪也能眺望外頭。

脫鞋處和客餐廚的隔間牆只做半腰高，從沙發就能望見外頭。

在客餐廚和更衣室最靠近的位置安排拱型開口，讓整個家產生了八字型的循環動線。

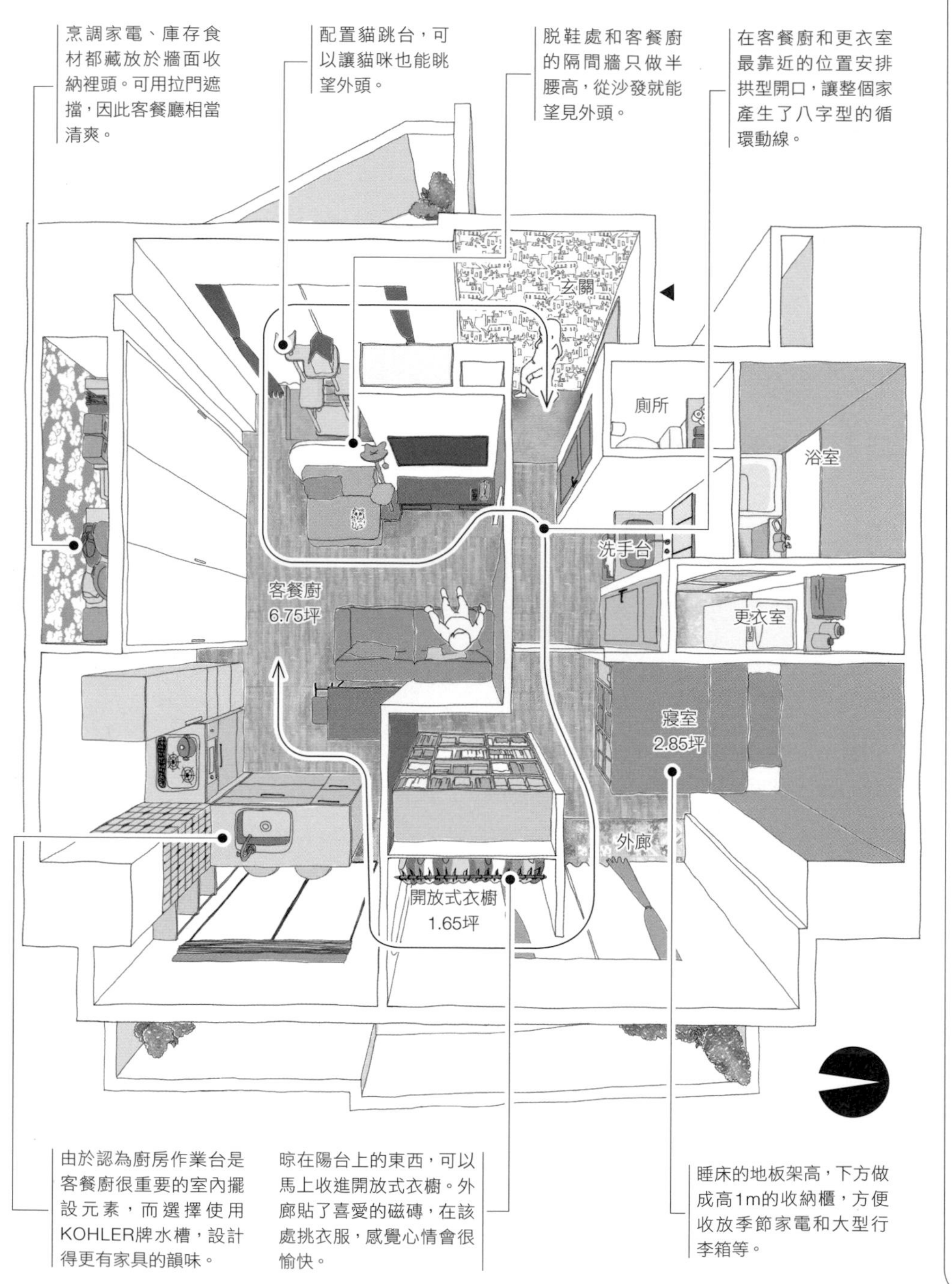

由於認為廚房作業台是客餐廚很重要的室內擺設元素，而選擇使用KOHLER牌水槽，設計得更有家具的韻味。

晾在陽台上的東西，可以馬上收進開放式衣櫥。外廊貼了喜愛的磁磚，在該處挑衣服，感覺心情會很愉快。

睡床的地板架高，下方做成高1m的收納櫃，方便收放季節家電和大型行李箱等。

面積
55
m²

T宅可以從西側陽台看見美麗的櫻花路樹。將玄關脫鞋處一路延長至西側陽台，營造出貓咪也能賞花的半室外空間。廚房作業台朝向晨曦會照入的東側陽台，在烹飪時可以一邊欣賞開闊的景色。此外，窗邊做成地板鋪磁磚的外廊空間，只要在該處擺放椅凳，就能將廚房當成酒吧的吧檯使用。這樣的格局可穿越窗邊脫鞋處和外廊，將整個家繞行一圈，通風良好，貓咪也能自由地到處走動。T氏在窗邊擺放貓跳台，會跟貓咪一起欣賞風景。這是一間以獨特手法活用窗邊空間的住宅。

翻修動機與購屋關鍵因素

開放式廚房與連貓咪都舒適的空間

T氏翻修了原本所住的公寓。雖然很喜歡其位置和視野，但對感覺封閉的廚房、梁和管道空間造成天花板外凸不太滿意。「希望打造讓共住的貓咪們也舒適的空間」，這層想法也是翻修的一大動機。

利用狀態良好的舊有設備來降低成本

此物件屋齡約11年，機器設備的狀態良好。因此浴室和廁所直接保留，原本隔開房間的拉門則拿來重複利用，當成客廳牆面收納的拉門等，在大幅變動格局的同時，也試圖降低成本。

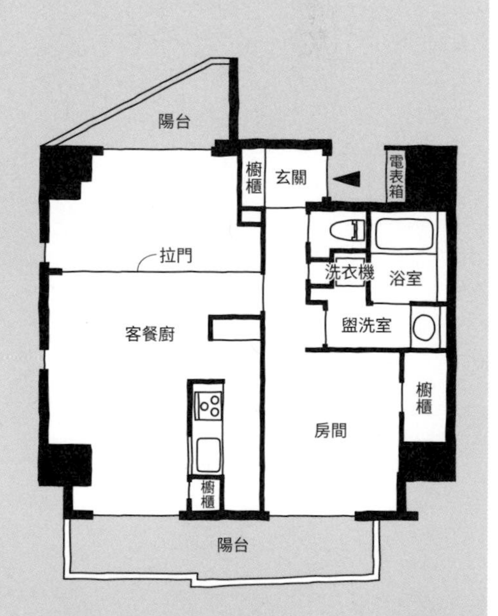

before

data

屋齡	實際坪數	建築結構	施工時長	家庭組成
11年	55.0㎡	RC結構	2.5個月	單身＋貓

能感受到家人動靜的三角形單間

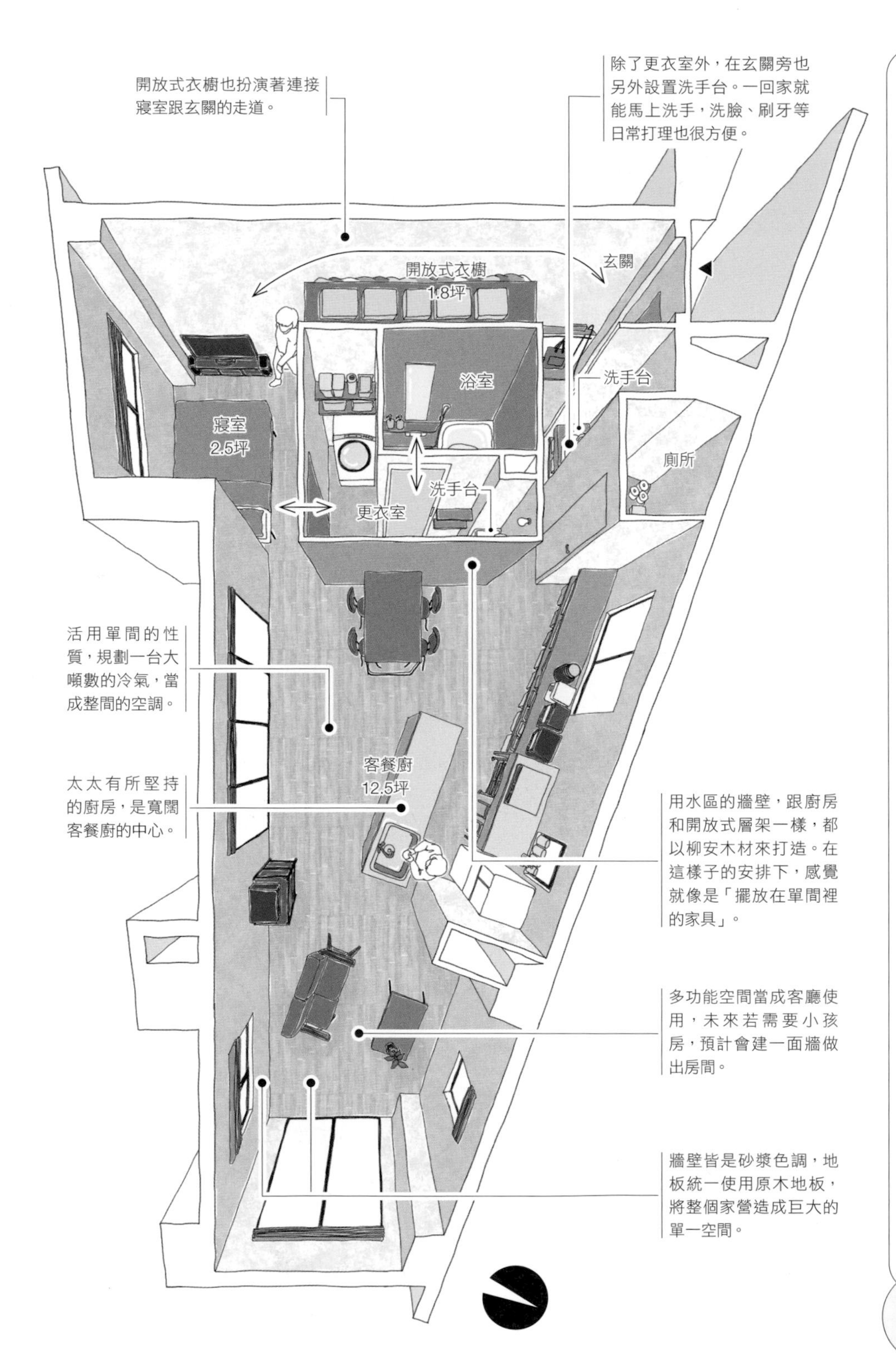

開放式衣櫥也扮演著連接寢室跟玄關的走道。
除了更衣室外，在玄關旁也另外設置洗手台。一回家就能馬上洗手，洗臉、刷牙等日常打理也很方便。
開放式衣櫥
1.8坪
玄關
浴室
洗手台
寢室
2.5坪
廁所
洗手台
更衣室
活用單間的性質，規劃一台大噸數的冷氣，當成整間的空調。
太太有所堅持的廚房，是寬闊客餐廚的中心。
客餐廚
12.5坪
用水區的牆壁，跟廚房和開放式層架一樣，都以柳安木材來打造。在這樣子的安排下，感覺就像是「擺放在單間裡的家具」。
多功能空間當成客廳使用，未來若需要小孩房，預計會建一面牆做出房間。
牆壁皆是砂漿色調，地板統一使用原木地板，將整個家營造成巨大的單一空間。

面積
64
㎡

K氏夫妻渴望擁有「能夠放鬆歇息的寬敞客廳」，而將三角形的物件大膽翻新成單間。吧檯和廚房沿著斜向牆面設置，強調出了客廳的深長，令人感覺寬闊。除此之外，也在統合成廂房狀的用水區周圍創造循環動線，消除了死路，讓住宅感覺起來比實際上還要寬廣。這個物件的三面外牆全都開窗，位於一樓卻很明亮，每個角落都有光線照入。K氏夫妻搬進來之後，小孩也誕生了。多虧有了「玄關旁的洗手台」、「能將整個家盡收眼底的廚房」、「能傳遞家人聲響的空間」，跟小小孩一起生活也很放心。他們以獨到的創意，聰明活用了形狀特殊的住宅。

翻修動機與購屋關鍵因素

對廚房有所堅持

K氏夫妻由於「想獲得能放鬆歇息的寬敞客廳，跟符合需求的廚房」，而選擇了可供自由設計的中古公寓翻修。容易在想住的街區挑到物件，也是中古公寓的一項魅力。

運用獨一無二的住宅形狀打造獨創住家

兩人受到此處良好的管理制度吸引，而選了這個物件。它是一個形狀接近三角形的一樓住宅，乍看不太好規劃，念過建築系的太太卻「感受到絕無僅有的特別」，期待能營造出獨特的空間，而決意買下。

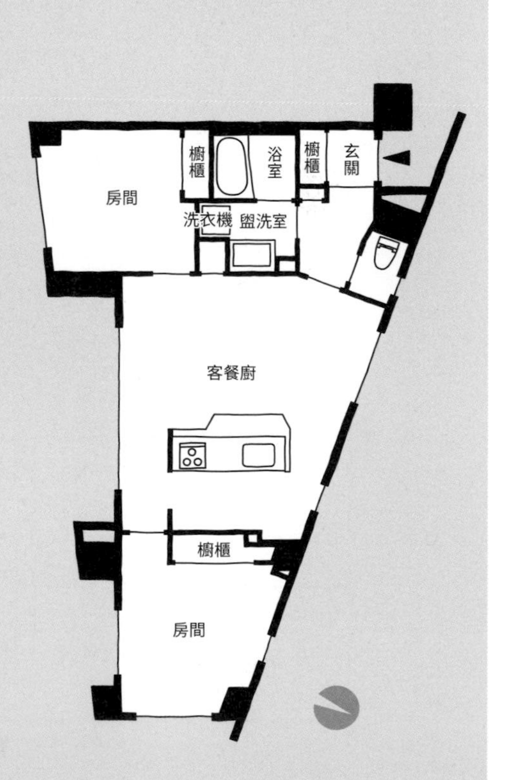

before

data

屋齡	實際坪數	建築結構	施工時長	家庭組成
15年	64.06㎡	RC結構	2個月	夫妻＋小孩（1名）

能從室內露臺和室內窗感受到戶外氣息的家

面積 63 ㎡

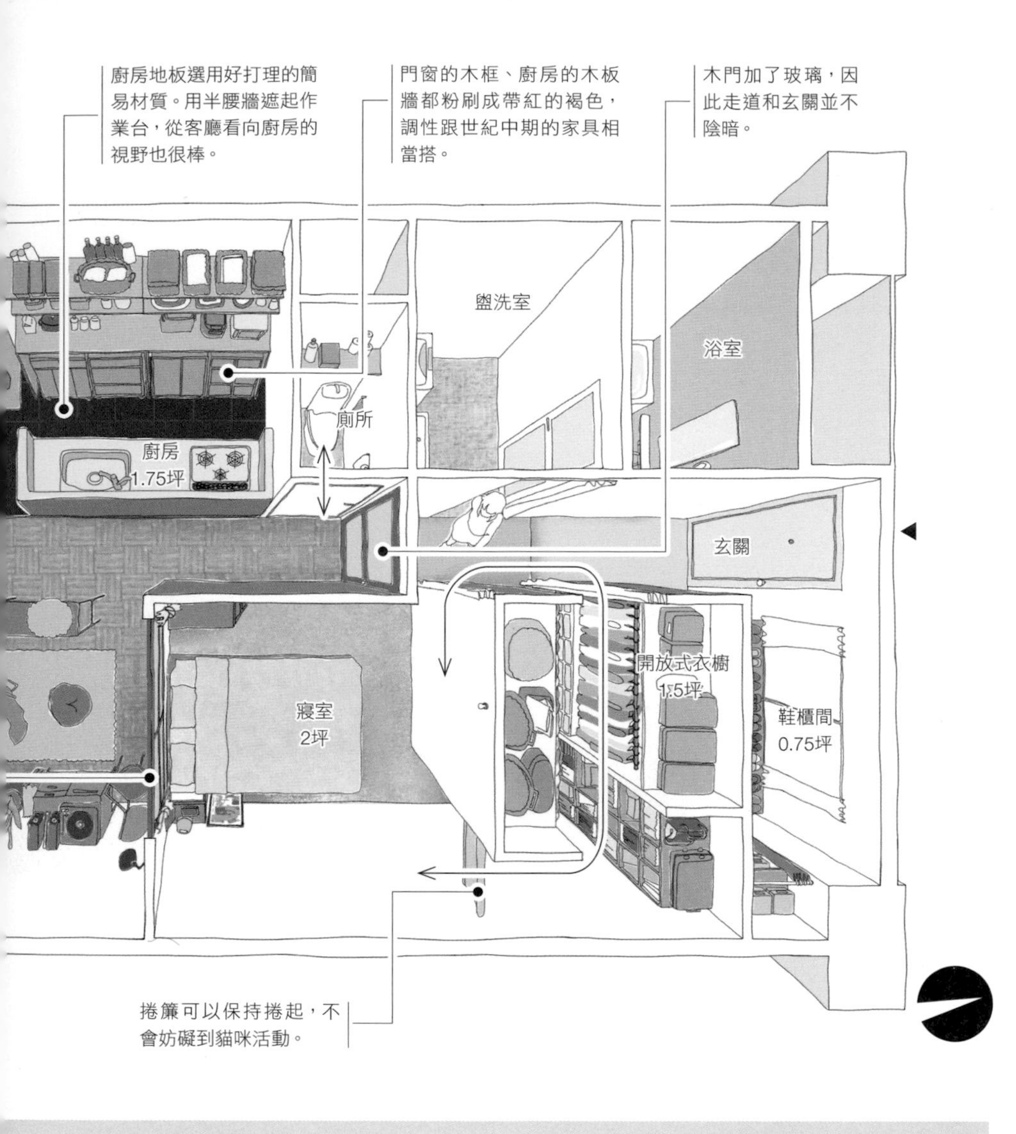

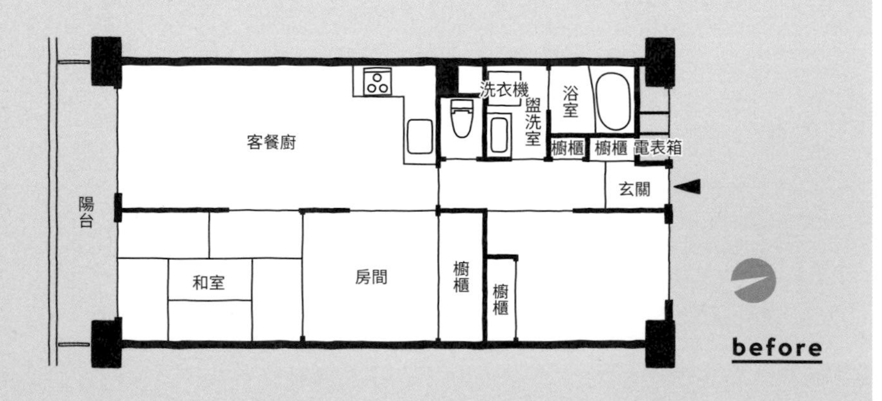

從向南的窗戶可以看見群樹綠意，以及住宅區上方遼闊的天空。打造於窗邊的小小室內露臺，將這番豐沛的環境帶入了家中。裝上大片的室內窗，讓外頭舒適的光線和風也進入了寢室。寢室、開放式衣櫥、盥洗室的出入口都用高透氣性的簾子隔開，因此只要打開客廳的門，外頭的新鮮空氣就能在整個家裡循環。I氏夫妻喜愛的世紀中期裝潢和家具，也是提升居住舒適度的一大要素。實木複合地板、帶有溫度的木製門窗、木板牆都在在襯托著空間，隨處皆能「在真正需要和喜愛的物品環繞下過生活」。

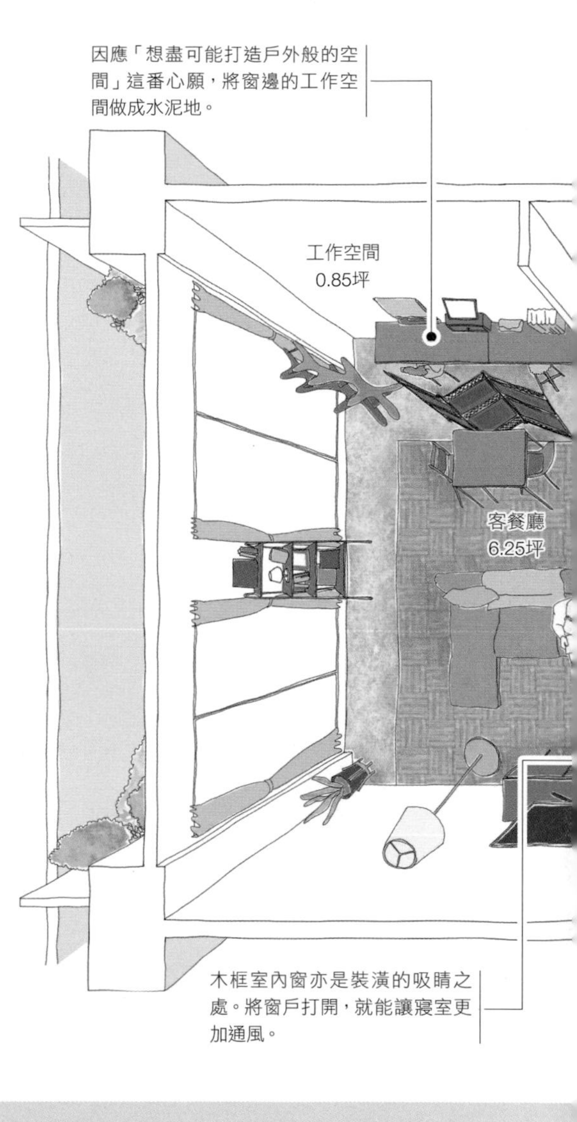

因應「想盡可能打造戶外般的空間」這番心願，將窗邊的工作空間做成水泥地。
工作空間
0.85坪
客餐廳
6.25坪
木框室內窗亦是裝潢的吸睛之處。將窗戶打開，就能讓寢室更加通風。

翻修動機與購屋關鍵因素

大小、設計都符合自身需求的住處

I氏夫妻希望住處「只由適合自己和喜歡的物品打造而成」。兩人都很高挑，從前住過的租屋處和新建住宅的設備用起來都很不便，導致很有壓力。他們受到能從零開始設計理想住處、購屋壓力小於新建訂製住宅等因素所吸引，而選擇翻修中古公寓。

能放眼天空和綠意的集合住宅社區

兩人買下了建於郊區的集合住宅型公寓。屋內看見的路樹跟住宅本身差不多高，可以看見比例絕佳的綠意和天空，這點讓他們相當中意。

data				
屋齡	實際坪數	建築結構	施工時長	家庭組成
39年	63.12㎡	SRC結構	2個月	夫妻＋貓

全開放式面窗客餐廚：藝術品美麗奪目

用水區俐落統整於北側角落。為了通風而敞開拉門時，會看到設計精巧的洗手台，感覺相當時髦。

中島廚房的視野開闊，能將客廳、餐廳盡收眼底。烹飪家電和存糧收放在後方附櫃門的櫥櫃裡，因此外觀上很整潔。

白色的大面牆壁，會將窗戶打入的光線擴散開來，讓空間變得明亮。方便自由裝飾繪畫、雕塑等物件，也是一個優點。

客餐廚跟玄關的隔間採用可透光的牆壁，因此客餐廚的光線能照至玄關。

地板至睡床距離1.4m，下方的櫥櫃收放著衣服和季節用品。

架高的睡床至天花板距離1.1m。靠客餐廚這側設有室內窗，確保通風和採光。

睡床的窗邊擺放唱盤機，成了DJ檯。

面積
54
m²

Y氏夫妻買下了比理想中稍小一些的54㎡物件。為了在這個條件下保有最大面積，而利用架高睡床，朝縱向活用空間。變寬敞的客餐廚是個開放式場所，光線會透過三面窗戶灌入。睡床下方做成了大容量的櫥櫃；房間從玄關和窗邊這兩側都能進出，通風好得不得了。Y氏夫妻的願望是想「住在美術館般的空間裡」，室內裝潢統合成具有一致性的白、灰、金色調，也提升了空間的開闊感。北側有著大面白牆的空間，很適合裝飾欣賞用的繪畫和雕塑，未來也可以做成小孩房。等需要房間時再做就好，這是相當具有彈性的想法。

翻修動機與購屋關鍵因素

想像10年後的情景
將新屋和中古屋兩相比較

Y氏夫妻「想像了自身10年後的生活，考量到未來有可能會賣屋或拿來出租，而選擇翻修中古公寓」。能夠打造自己喜歡的空間，也是很有吸引力的一點。

與賣方談話
為購屋推波助瀾

考量到之後可能會賣掉或拿來出租，兩人看重地段及管理制度是否優良，來審視每個物件。另外也必須滿足方便通勤、預算、能養寵物兔等條件。Y氏夫妻說「跟賣方聊過，確認了有怎樣的人住在這裡，因而覺得更放心」。格局易於規劃出寬敞的空間，也是一大要點。

before

data

屋齡	實際坪數	建築結構	施工時長	家庭組成
10年	54.31㎡	RC結構	2個月	夫妻

洗衣空間配置於廚房內，方便將衣服拿去陽台晾，也可用晾衣繩掛在室內晾乾。

盥洗室跟廚房相連，中間未做門窗，呈開放狀態，但從廚房並不會看見內部樣貌。

客房用作平時居家工作的空間。出入口規劃成附玻璃窗的門，讓光線能夠照射到玄關。

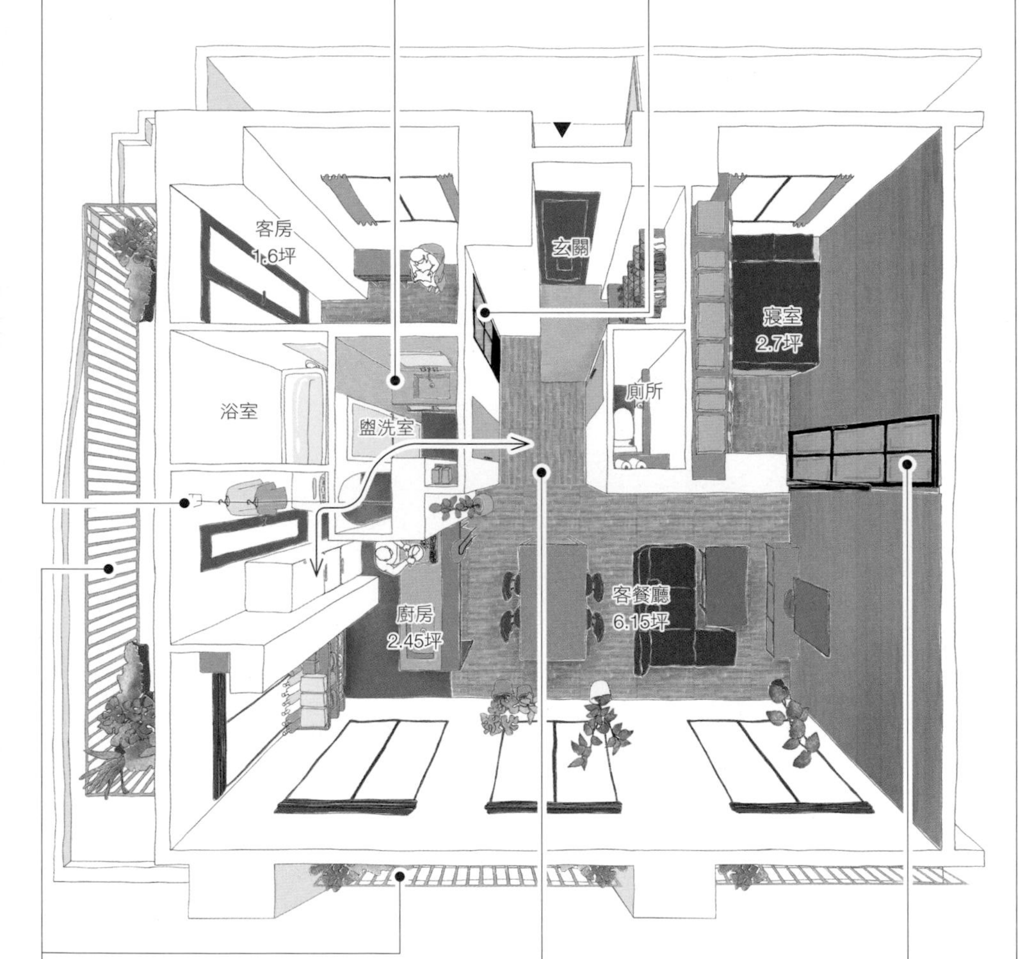

客廳那側的陽台，是照顧植物的作業場所；廚房背側的陽台則用作晾衣場，各有用途。

寬敞的走道跟客餐廚之間未以門切隔，做成同一空間，因而更加開闊。

寢室以格柵玻璃門隔開。由於視線可以望進寢室內，待在客廳時會覺得整體的空間很寬廣。

面積
71
m²

S氏夫妻的興趣是培育植物，兩人希望住處具有優良的日照和通風，最後選擇了三面都有陽台環繞的邊間。翻修時利用這個物件的特色，打造出了光線和風能在整個家裡循環的開放式空間。一踏進玄關，大面寬的門廳便讓視野敞開，迎面就是裝飾著許多植物的客餐廚。跟客餐廚相連的寢室，將出入口做成左右雙開的玻璃門，讓光線和視線都能進入。

此外客廳和寢室的牆面貼上相同的裝飾木板，提升了空間的整體感。盥洗室也跟廚房合而為一，是個通風良好的空間。在環繞著木材和綠意的空間裡放鬆身心，想必會是非常舒適的片刻。

翻修動機與購屋關鍵因素

難得買房 不如做成自己喜歡的空間

喜愛園藝的S氏夫妻，希望能住在日照、通風都良好的家中。他們覺得「既然都要買房了，就得做成自己喜歡的空間」，而選擇翻修中古公寓。

3面陽台的邊間

兩人挑中的物件，是符合新耐震標準的中樓層公寓。這是面南的邊間，住宅三面都有開窗和陽台。原始格局雖然每個房間都面窗，卻顯得相當封閉，因此透過全面翻修，打造成光線能夠遍布的空間。

data				
屋齡	實際坪數	建築結構	施工時長	家庭組成
27年	71.01㎡	SRC結構	2.5個月	夫妻

COLUMN 7

挑材質也是翻修的趣味所在

翻修時不僅地板、牆壁、天花板的樣式，
就連廚房、洗手台等設備和部件，都可以按個人喜好自由挑選。
思考要用什麼方式結合何種素材，也是住家營造的醍醐味。

餐廳、廚房的整面牆壁都貼了白色磁磚。搭配黑鐵的五金和照明，營造出猶如布魯克林咖啡廳風格的空間。〔浦和展示間〕

盥洗室的牆壁和拉門粉刷了繽紛色彩。洗手台和鏡子使用住戶自行尋覓的物品。在這間盥洗室裡不論洗手或打理儀容，感覺都會很開心。〔參照P12〕

玄關脫鞋處選擇以米色蜂巢六角磚搭配天然木材來點綴。牆面漆成灰色，顯得畫龍點睛。〔參照P126〕

雅致的海軍藍牆面是以壁紙貼成；室內窗加了格狀玻璃，窗框也做成相同顏色，營造出統一感。〔參照P102〕

拆除原有的牆面裝潢，露出了帶膠痕的狂野混凝土牆。跟各有神采的原木地板相當搭。〔參照P120〕。

實木複合地板，以及為收納而裝的菱形鐵網，為走道營造出了工業風的氣息。〔參照P80〕。

COLUMN 7 ｜挑材質也是翻修的趣味所在

廚房吧檯的半腰牆面上，貼著人字紋原木木材。這是翻修才能辦到的自由裝潢風格。〔參照P76〕

在窗邊鋪磁磚地板，營造室內露臺。不以牆壁隔間，而是利用地板材質的變化，和緩地區隔不同用途的空間。〔參照P94〕

用可自由選配的馬賽克磁磚，打造出獨一無二的洗手台。跟木製檯面和層架也搭配得很完美。〔參照P102〕

透過樹脂砂漿潤飾，將廚房跟餐桌合而為一。漆成白色的混凝土天花板，讓空間感覺起來柔和又寬廣。〔參照P40〕

吧檯使用厚實的原木，感覺很有分量。以OSB合板裝潢的牆面，營造出了粗曠而隨興的氣氛。〔參照P98〕

木製室內窗未經粉刷，吧檯使用鷹架舊木板，發揮材質的韻味，襯托出了空間裡的古董雜貨。牆壁粉刷消光漆料。〔參照P74〕

RENOVERU（經營：リノべる株式會社）

「RENOVERU」在日本全國各地推出了備有翻修空間的展示間，提供從尋找房屋物件到住宅貸款、翻修設計及施工，以至於室內裝潢等一連串流程的一站式支援。運用翻修4000多戶所累積的知識技術，並擁有包羅日本全國不動產、土木公司，甚至金融機構的聯絡管道，積極活用科技，在尋找中古公寓及裝修的一站式服務方面，坐擁全國NO.1〔＊〕的亮眼成績。

RENOVERU翻修相關諮詢

免付費電話	0120-684-224
RENOVERU官方網站	

＊在「公寓改造業績排名2021」（REFORM產業新聞社）之中，是擁有最多翻修件數的一站式服務業者。

此處可確認本書刊載的範例照片！

室內格局設計師（於各範例竣工時之職務）

RENOVERU株式會社

木波本直宏、天野慎太郎、山神達彦、岩重卓也、本多史弥、萩森浩美、石岡多恵子、藏本恭之、千賀美穗、大山慶、梅木幸、森濱育恵、野上広幸、相澤桂、平田航介、高木知可子、平尾幸司、五十嵐直也、尾澤佳樹、水野貴大、本間美輝、山下晋彥、脇野心平、飯島好美、柏木一紘、鈴木将平、武藤誠、菊地亮太、相馬友利華

新森雄大（Niimori Jamison）

國家圖書館出版品預行編目(CIP)資料

完美居家空間格局規劃術：打造舒適理想家！／
Renoveru作；蕭辰倢譯. -- 初版. -- 臺北市：
臺灣東販股份有限公司, 2022.09
160面；16.3×23.1公分

ISBN 978-626-329-421-9（平裝）

1.CST：家庭佈置 2.CST：室內設計
3.CST：空間設計

422.5　　111012496

打造舒適理想家！
完美居家空間格局規劃術

2022年9月1日初版第一刷發行

作　者　Renoveru翻修團隊
譯　者　蕭辰倢
編　輯　吳元晴
發行人　南部裕
發行所　台灣東販股份有限公司
＜地址＞台北市南京東路4段130號2F-1
＜電話＞(02)2577-8878
＜傳真＞(02)2577-8896
＜網址＞http://www.tohan.com.tw
法律顧問　1405049-4
總經銷　蕭雄淋律師
聯合發行股份有限公司
＜電話＞(02)2917-8022